Untersuchungen zur Korrelation zwischen Mikrostrukturveränderungen
und Belastungsprofilen in bleifreien Lötverbindungen der Oberflächenmontage

D1664629

Untersuchungen zur Korrelation zwischen Mikrostrukturveränderungen und Belastungsprofilen in bleifreien Lötverbindungen der Oberflächenmontage

Antje Steller

Themenreihe: System Integration in Electronic Packaging — Volume 21

Herausgeber:

Klaus-Jürgen Wolter
Thomas Zerna
Markus Detert

Verlag Dr. Markus A. Detert

Als Dissertation genehmigt von der Fakultät Elektrotechnik und Informationstechnik der Technischen Universität Dresden.

Tag der Einreichung:	28.06.2013
Tag der Verteidigung:	04.02.2014
Vorsitzender:	Prof. Dr. rer. nat. Bartha
Gutachter:	Prof. Dr.-Ing. habil. Wolter
	Prof. Dr.-Ing. habil. Nowottnick

Bibliographische Information der Deutschen Nationalbibliothek
Die Deutsche Nationalbibliothek verzeichnet diese Publikation in der Deutschen Nationalbibliographie; Detaillierte bibliographische Daten sind im Internet über http://www.dnb.de abrufbar.

ISBN-13: 978 - 3 - 934142 - 68 - 8
ISSN 1860-4145 Themenreihe: System Integration in Electronic Packaging

1. Auflage 2014

©Verlag Dr. Markus A. Detert, Templin, Germany, 2014/2015
www.verlag-detert.de
Printed in Germany

Kurzfassung

Schadensanalysen an Lötverbindungen, sei es im Rahmen von Zuverlässigkeitsuntersuchungen oder bei Feldausfällen, ermöglichen häufig keine eindeutigen Aussagen über die Schadensursache, sofern keine grundlegenden Prozess- oder Designfehler vorliegen, sondern die Belastungsbedingungen wie Temperaturwechsel oder Vibration das Schadensbild verursacht haben. In dieser Arbeit wird ein Ansatz vorgestellt, wie durch die Ermittlung quantitativer Schadensparameter und die Auswertung mit Methoden der statistischen Mustererkennung eine eindeutige Korrelation zwischen dem Analyseergebnis einer einzelnen Lötverbindung und der zugrundeliegenden Belastungsart sowie Belastungsdauer abgeleitet werden kann.

Ausgangspunkt hierfür stellen Zuverlässigkeitstests an Baugruppen dar, die durch unterschiedliche Belastungsprofile gealtert wurden, um verschiedene Schadensbilder zu generieren. Die Profile umfassten Temperaturlagerung bei unterschiedlichen Haltetemperaturen sowie unterschiedliche Temperaturwechselprofile. Analysiert wurden SnAg3,0Cu0,5-Lötverbindungen von Zweipolern vom Typ 1206 und 0603. Schliffbilder wurden lichtmikroskopisch und mittels Elektronenbeugung im Rasterelektronenmikroskop (EBSD) untersucht.

Die EBSD-Analysen zeigten, dass in den Lötverbindungen im Ausgangszustand viele Kleinwinkelkorngrenzen regellos verteilt, Korngrenzen mit Missorientierungen $>5°$ jedoch nicht vorhanden waren. Lagerung bei konstanter Temperatur führte zu Polygonisation, so dass sich Kleinwinkelkorngrenzen in Reihen anordneten. Temperaturwechselbelastungen verursachten die Entstehung neuer Körner, die auf kontinuierliche dynamische Rekristallisation zurückgeführt wird. Diese ist gekennzeichnet durch zunächst geringe Missorientierungen der neu gebildeten Körner untereinander sowie einer kontinuierlichen Zunahme der Anzahl der Korngrenzen und deren Missorientierungen mit zunehmender Belastungsdauer.

Auf Basis der metallographischen Untersuchungen wurden für jede Lötverbindung 85 quantitative Merkmale bestimmt, z. B. basierend auf Statistiken über Korngrößen und Missorientierungen. Die Belastungen der Zuverlässigkeitstests wurden nach Art und Dauer in zehn Klassen eingeteilt. Support Vector Machines (SVMs) wurden dann als Klassifikatoren eingesetzt, um die Merkmale einer Lötverbindung der Belastung zuzuordnen. Das Training der SVM erfolgte unter Verwendung der aufgenommenen Datensätze durch Rastersuche der SVM-Parameter, Kreuzvalidierung sowie sequential forward selection zur Merkmalsselektion.

Im Ergebnis konnte ein SVM-Klassifikator entwickelt werden, der basierend auf den Analyseergebnissen an einer einzelnen Lötverbindung für beide Bauelementtypen mit einer Genauigkeit von über 95% in der Kreuzvalidierung eine Aussage über die Art und Dauer der Belastung treffen konnte, die diese Verbindung erfahren hatte.

Abstract

Damage analyses on solder joints, as part of reliability tests or after field failures, are a challenging task. Sometimes failures can be associated with process or design issues. But damage caused by loads like temperature cycling or vibration can often not clearly be correlated to the loading conditions. This thesis shows how methods of statistical pattern recognition can be used to derive a classifier that uses quantitative parameters obtained from a single solder joint, that allows for a distinct correlation of analysis results to both type and duration of the loading. Standard reliability tests were carried out on printed circuit boards soldered with SnAg3,0Cu0,5. The parts were aged at constant temperatures of differing temperature levels and through temperature cycling with different cycling profiles. Cross-section analyses were carried out on 1206 and 0603 resistors. Lightmicroscopy and electron backscatter diffraction (EBSD) were used to characterize the solder joints and generate quantitative damage parameters.

The results of the EBSD-analyses revealed new insights into the damage mechanisms of lead-free solder joints, which are until today not completely understood. As-soldered samples showed several randomly-distributed low angle grain boundaries (LAGB), but no high angle grain boundaries with misorientations $>5°$. Aging at constant temperature caused annihilation and polygonization of these LAGB, which aligned along well-defined subgrain boundaries. Temperature cycling led to the formation of high angle grain boundaries (HAGB) which is shown to be caused by continuous dynamic recrystallization. LAGB are introduced due to thermomechanical cycling and align into subgrain boundaries. There they accumulate and cause subgrain rotation until misorientations are high enough to be claimed to be HAGB. Misorientations between neighboring grains tend to be fairly small in the beginning. The number of HAGB and their misorientations increase with increasing stress and duration of the loading.

Despite the better understanding of damage mechanisms, the interpretation of physics of failure did not lead to a distinct correlation between analysis results and loading conditions. Therefore Support Vector Machines (SVMs) were used as a pattern recognition tool to develop a classifier. Based on quantitative analysis results 85 features were derived for each solder joint. SVMs were optimized using a parameter grid search, cross validation and sequential forward selection for feature selection. This way a classifier was designed that was able to correlate the features of a solder joint to the loading profile and duration. Cross validation runs achieved accuracies greater than 95% for both 1206 and 0603 components.

Inhaltsverzeichnis

1 Einleitung und Motivation

Seit Jahrzehnten können Entwickler und Anwender auf dem Elektronikmarkt rasante Neu- und Weiterentwicklungen beobachten. Neben der Suche nach neuen Anwendungsmöglichkeiten stellt auch das zunehmende Bewusstsein für die Umwelt unserer Erde einen treibenden Faktor dar, so dass u. a. das Blei in Elektronikloten durch umweltfreundlichere und weniger gesundsheitsgefährdende Stoffe ersetzt werden soll [Eva07, S. 1]. In der Konsumgüterindustrie bereits seit 2006 Vorschrift, sieht die europäische Gesetzgebung für die Automobilindustrie ein Verbot für bleifreie Lote ab Januar 2016 vor [EG10]. Die Umstellung auf bleifreie Materialien stellt für Automotive-Anwendungen eine ganz besondere Herausforderung dar, da die Elektronik im Automobil ungleich höhere Anforderungen hinsichtlich thermomechanischer Belastbarkeit (sowohl höhere Temperaturen als auch mechanische Beanspruchung durch Vibration) und Lebensdauer zu erfüllen hat [Goo06, S. 91].

Die Eignung der bleifreien Lote für bestimmte Belastungsszenarien wird klassischerweise durch Zuverlässigkeitstests untersucht. Vibrations- und Temperaturwechselversuche simulieren die Einsatzbedingungen im Automobil; es werden u. a. elektrische Tests, Scherkraftmessungen und metallographische Analysen zur Auswertung herangezogen [SZE+09]. Etliche wissenschaftliche Projekte haben in den letzten Jahren einen großen Beitrag zum Verständnis des Einflusses thermomechanischer Lasten auf Lötverbindungen geleistet, z. B. [KNW+05; VPDA09; Wie08]. Im Ergebnis dieser Arbeiten konnten Schädigungsmodelle für verschiedene Lote und Lötverbindungen erstellt und verfeinert, neue Kenntnisse über Belastungsbedingungen unterschiedlicher Anwendungen gewonnen und Empfehlungen für die Auswahl eines Lotwerkstoffes in Abhängigkeit der Applikation ausgesprochen werden.

Trotz dieser breiten Datenbasis sind viele Fragen für den Einsatz bleifreier Lote in der Automobilelektronik noch nicht ausreichend geklärt. Insbesondere müssen Schädigungsmechanismen besser verstanden und die Korrelation von Labortests zu den tatsächlichen Feldbedingungen verbessert werden [BZB+12; VPDA09, S. 289]. Ausgangspunkt hierzu werden weiterhin die bereits beschriebenen klassischen Zuverlässigkeitstests sein, wobei auch durch den Einsatz von neuen und die Weiterentwicklung bestehender Analysemethoden neue Erkenntnisse gewonnen werden können [VPDA09, S. 279].

Eine häufig diskutierte Problemstellung bei der Bewertung von Zuverlässigkeitstests ergibt sich durch die große Anzahl von Einflussparametern und den Schwankungen in den Messergebnissen. Man kann davon ausgehen, dass jede Lötverbindung ein Unikat ist und sich selbst bei gleichen Prozess- und Alterungsbedingungen andere Spannungs- und Dehnungszustände sowie Schadensbilder ergeben [BZB+12]. Eindeutige Korrelationen zwischen dem Analyseergebnis an einer Lötverbindung und den zugehörigen Belastungsbedingungen sind daher nicht oder nur sehr eingeschränkt möglich.

Ein Ansatz zur Lösung dieser Problematik besteht darin, ein besseres Verständnis der Schadensabläufe innerhalb von Lötverbindungen zu gewinnen. Die Analyse der Kornstruktur von Lötverbindungen mittels Elektronenbeugung (Electron Backscatter Diffraction, EBSD) gilt in der aktuellen Forschung als vielversprechend [BZB+12; SPD10; VWC+10]. Erste Untersuchungen wurden in [TBCS02] vorgestellt. Trotz weiterer Arbeiten in diesem Bereich, z. B. [TBZP07; BJL+08; SB08; VWC+10], liegen bis heute noch keine eindeutigen werkstoffphysikalischen Modelle zur Beschreibung der Schadensmechanismen vor [BZB+12].

Diese Arbeit soll einen Beitrag zum Verständnis der Schadensmechanismen in SnAgCu-Lötverbindungen liefern. Weiterhin wird eine Methodik vorgestellt, wie mittels Methoden der statistischen Mustererkennung eine eindeutige Zuordnung eines Analyseergebnisses an einer Lötverbindung zur Art und Dauer einer im Zuverlässigkeitstest durchgeführten Belastung erreicht werden kann. Ausgangspunkt stellen Zuverlässigkeitsanalysen an Testbaugruppen dar, die durch unterschiedliche Belastungsprofile gealtert werden. Lichtmikroskopie und EBSD werden eingesetzt, um detaillierte Schliffanalysen durchzuführen, die der Interpretation der Schadensmechanismen und der Generierung quantitativer Merkmale zur Beschreibung von Lötverbindungen von 1206 und 0603 Chipwiderständen, gelötet mit SnAg3,0Cu0,5, dienen. Basierend auf den verschiedenen Belastungen werden Klassen definiert, denen diese Merkmale durch den Einsatz sog. Support Vector Machines eindeutig zugeordnet werden können.

Folgende Teilaufgaben mussten für diese Arbeit umgesetzt werden:

- Festlegung eines Versuchsplanes; Design und Herstellung eines Testboards.
- thermische und thermomechanische Belastungstests.
- Analyse
  - Untersuchung des Einflusses thermischer und thermomechanischer Einflüsse auf die Kornstruktur von SnAg3,0Cu0,5-Lötverbindungen mittels EBSD,
  - Zusammenstellung geeigneter Mess- und Auswerteparameter für die EBSD-Analysen.
- Auswertung der Messergebnisse und Interpretation der Schadensmechanismen.
- Bestimmung quantitativer Messgrößen und Definition von Merkmalen zur Beschreibung der Lötverbindungen, basierend auf den Beobachtungen und werkstoffphysikalischen Erkenntnissen, die in den Analysen gewonnen werden konnten.
- Optimierung und Bewertung eines Klassifikators, mit dessen Hilfe die Merkmale einer einzelnen Lötverbindung eindeutig auf die Belastungsart und -dauer schließen lassen, die eben diese Verbindung erfahren hat.

Der prinzipielle Ablauf der Arbeitsschritte von der Datenaufnahme bis hin zur Klassifikation ist in Abbildung 1.1 zusammengefasst.

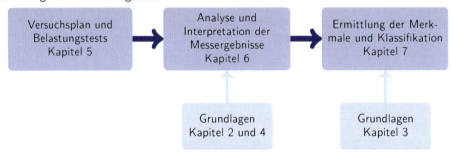

Abbildung 1.1: Ablauf der Arbeitsschritte und zugehörige Kapitel

Im weiteren Verlauf dieser Arbeit werden zunächst einige theoretische Grundlagen vorgestellt. Kenntnisse zu den Auswirkungen zyklischer Belastungen auf metallische Werkstoffe, Kapitel 2, sind Grundvoraussetzung, um die Ergebnisse der EBSD-Analysen verstehen, bewerten und interpretieren zu können. Die Grundlagen zur Mustererkennung, Kapitel 3, werden benötigt, um die statistische Modellbildung und dazugehörige Wahl der Methodik nachvollziehen zu können. Kapitel 4 erläutert die Grundlagen der EBSD-Messungen, wichtiges zur Probenpräparation, zu den Messparametern sowie Auswertemöglichkeiten und eingesetzten Auswerteparametern. Die Details zur Versuchsplanung und -durchführung werden in Kapitel 5 vorgestellt, bevor dann in Kapitel 6 die Messergebnisse der Analysen ausgewertet werden. Die Definition, Optimierung und Bewertung des SVM-Klassifikators werden in Kapitel 7 beschrieben. Kapitel 8 enthält eine kurze Zusammenfassung der Arbeit und einen Ausblick auf mögliche Weiterentwicklungen der in dieser Arbeit vorgestellten Ergebnisse.

2 Ausgewählte werkstoffphysikalische Grundlagen

Die für die Lebensdauer von Lötverbindungen kritischen thermomechanischen Belastungen stellen (zyklische) Verformungen in Temperaturbereichen dar, in denen Kriechen sowie Erholungs- und Rekristallisationsphänomene als den Werkstoff beeinflussende Mechanismen auftreten [Eva07, S. 2; VWC+10]. In diesem Kapitel werden daher die für das Verständnis dieser Arbeit notwendigen Grundlagen der physikalischen Werkstoffkunde zusammengefasst.

Einige grundlegende Begriffe werden im Abschnitt 2.1 kurz definiert. Darauf aufbauend wird im Abschnitt 2.2 beschrieben, welchen Einfluss einsinnige und zyklische Verformungen auf den Zustand eines Werkstoffes haben. Bei entsprechend großen Verformungen und hohen Temperaturen können Gefügeveränderungen in Form von Erholung und Rekristallisation auftreten. Die dabei im Werkstoff ablaufenden Prozesse werden im Abschnitt 2.3 erläutert. Grundlagen zur Verformung von Lötverbindungen und den dadurch verursachten Mikrostrukturveränderungen werden in 2.4 zusammengefasst.

2.1 Grundlegende Begriffe

Grundlegende Kenntnisse zum Aufbau kristalliner Werkstoffe, wie sie in Lehrbüchern wie [BS05; BO09; MT00] nachzulesen sind, werden für die weiteren Ausführungen vorausgesetzt. Auch folgende Definitionen können diesen Literaturstellen entnommen werden. Da diese Begriffe jedoch vielfach in den folgenden Abschnitten verwendet werden, werden sie an dieser Stelle kurz erläutert.

Gitterbaufehler Das Raumgitter eines realen Kristalls weist Abweichungen vom ideal regelmäßigen Aufbau in Form von Gitterbaufehlern auf. Diese erhöhen den Energiegehalt eines Kristalls, da sie Störungen und Verspannungen des Gitters verursachen [BS05, S. 4-6]. Gitterbaufehler werden unterteilt in punktförmige, eindimensionale sowie zweidimensionale Fehlstellen. Punktförmige Fehlstellen können z. B. Leerstellen oder Zwischengitteratome sein. Versetzungen sind eindimensionale und Korngrenzen zweidimensionale Gitterbaufehler.

Versetzung Versetzungen stellen linienhafte Kristallbaufehler dar [Kle98, S. 185]. Man kann sie sich als röhrenförmige Defekte mit einem Radius von einigen Atomabständen vorstellen [Wie08, S. 72]. Innerhalb dieser Röhre ist die Gitteranordnung gestört. In der Realität wird der Übergang vom gestörten Gitter der Röhre zum ungestörten Gitter des übrigen Kristalls fließend sein. Es gibt zwei Grundtypen von Versetzungen: Stufenversetzungen und Schraubenversetzungen, die meist gemischt auftreten [Wie08, S. 73]. Die Bewegung von Versetzungen stellt die Ursache von plastischen Verformungen innerhalb kristalliner Festkörper dar [Got07, S. 78], siehe dazu auch Abschnitt 2.2.

Korngrenze Korngrenzen stellen zweidimensionale Gitterbaufehler dar, die Bereiche gleicher Kristallstruktur, aber unterschiedlicher Orientierung trennen. Es wird unterschieden zwischen Kleinwinkel- und Großwinkelkorngrenzen. Bei nur kleinen Orientierungsunterschieden (ca. 4° [Kle98, S. 194], Kleinwinkel- oder Subkorngrenze) ist eine Korngrenze aus einer regelmäßigen Anordnung einzelner Versetzungen aufgebaut [Got07, S. 87]. Bei größeren Kippwinkeln reichen einzelne Versetzungen nicht mehr aus und es wird von einer Großwinkelkorngrenze (oder einfach nur Korngrenze) gesprochen. Auf die Unterscheidung zwischen Groß- und Kleinwinkelkorngrenze wird detailliert im Abschnitt 4.1.3 eingegangen.

2.2 Verformung

Das Verformungsverhalten eines Werkstoffes stellt einen charakteristischen Zusammenhang zwischen der äußeren Belastung und der dadurch in einer aus dem Werkstoff bestehenden Struktur hervorgerufenen Formänderung dar [Wie08, S. 10]. Aus werkstoffphysikalischer Sicht existieren eine Vielzahl unterschiedlicher Mechanismen, die das Verformungsverhalten von Werkstoffen dominieren können. Aus sog. Verformungsmechanismuskarten (auch Ashby-Maps genannt [VV89, S. 230]) kann abgelesen werden, welcher Verformungsmechanismus in Abhängigkeit von Spannung und Temperatur dominiert [AJ12, S. 340-341; Bür11, S. 126-130]. Ein schematisches Beispiel ist in Abbildung 2.1 gezeigt.

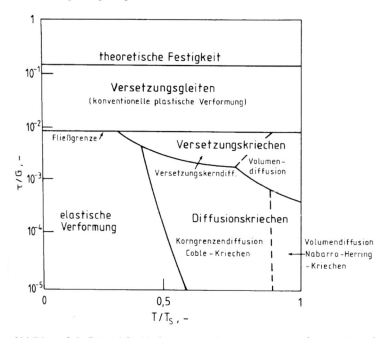

Abbildung 2.1: Beispiel für Verformungsmechanismuskarte, aus [Bür11, S. 127]

Bei geringen homologen Temperaturen bis ca. (0,3...0,4) treten abhängig von der Belastung elastische oder plastische Verformung auf. Als homologe Temperatur wird das Verhältnis der Betriebstemperatur in Kelvin zur Schmelztemperatur in Kelvin bezeichnet [VQ07]. Spannungs-Dehnungs-Diagramme können zur Beschreibung des Verformungsverhaltens in diesem Bereich herangezogen werden. Ein schematisches Beispiel einer Spannungs-Dehnungs-Kurve, wie sie typischerweise z. B. aus einem Zugversuch gewonnen werden kann [BS05, S. 95-100], ist in Abbildung 2.2 gezeigt. Bei geringen Spannungen befindet man sich im linear-elastischen Bereich (Proportionalbereich, „Hookesche Gerade"), in welchem die elastische Dehnung ϵ_e der Spannung proportional ist [BS05, S. 96-97]. Die Steigung entspricht dem Elastizitätsmodul [RHB12, S. 72]. Wird die Elastizitätsgrenze überschritten, verformt sich das Material plastisch, d. h. irreversibel, und es entstehen im Bauteil bleibende Deformationen. Die konventionelle plastische Verformung wird durch das Gleiten von Versetzungen ermöglicht [Wie08, S. 151]. Da der Übergang zwischen elastischer und plastischer Verformung keine scharfe Grenze darstellt, wird als Grenzwert für einsetzende plastische Dehnung die Dehngrenze $R_{p0,2}$ verwendet, die einer bleibenden Dehnung von 0,2 % entspricht. Im klassischen Zugversuch kommt es bei weiterer Dehnung zu einer Zunahme der Spannung bis zum Maximum R_m, der Zugfestigkeit, und anschließend zum Bruch [RHB12, S. 69-71]. Bei einsinniger Beanspruchung, d. h. die Richtung der

Beanspruchung wird nicht geändert, ist dieses Werkstoffversagen geprägt von Verfestigungsprozessen, z. B. verursacht durch Versetzungsvervielfachung oder das Aufstauen von Versetzungen in parallelen Gleitebenen, an unbeweglichen Versetzungen und an Korngrenzen [Wie08, S.174; MT00, S. 86-87].

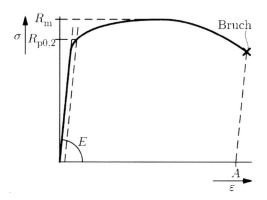

Abbildung 2.2: Spannungs-Dehnungs-Diagramm für einsinnige Belastung für duktiles Material ohne ausgeprägte Streckgrenze (gilt für die meisten Metalle), adaptiert aus [RHB12, S. 70]

Bei hohen homologen Temperaturen $> 0{,}4$ wird die Verformung nicht nur durch Versetzungsgleiten, sondern auch durch Klettern von Versetzungen geprägt [Wie08, S. 151]. Dabei können Stufenversetzungen ihre definierten Gleitebenen durch Anlagern von Punktdefekten verlassen [Got07, S. 78]. Die Versetzung klettert in die nächste Gleitebene [SF10, S. 177-180]. Da dieser Mechanismus mit Diffusion zusammenhängt, zeigt die Hochtemperaturplastizität eine starke Abhängigkeit sowohl von Temperatur als auch von der Zeit [Wie08, S. 151]. Die Zeitabhängigkeit einer plastischen Verformung wird als Kriechen bezeichnet [RHB12, S. 385].

In der Verformungsmechanismuskarte in Abbildung 2.1 ist erkennbar, dass bei hohen Temperaturen und Spannungen das Versetzungsgleiten dominiert. Beim Übergang zu tieferen Spannungen erfolgt ein Wechsel zum Versetzungskriechen. Dieser Bereich kann unterteilt werden in einen mit vorherrschender Diffusion entlang der Versetzungskerne und einen mit überwiegender Volumendiffusion. Bei sehr niedrigen Spannungen und entsprechend langen Belastungszeiten spielen Versetzungen als Verformungsträger keine vorherrschende Rolle mehr. Die Kriechverformung kommt dann trotzdem nicht zum Stillstand, sondern wird überwiegend getragen vom Materialtransport allein durch Diffusion. Man unterscheidet zwei Arten des Diffusionskriechens – das Nabarro-Herring-Kriechen und das Coble-Kriechen. Bei ersterem ist der dominante Materialtransport die Gitterdiffusion, wobei beim Coble-Kriechen die Korngrenzen die bevorzugten Wanderungswege darstellen [Bür11, s. 130].

Neben der bisher beschriebenen einsinnigen Verformung spielt in elektronischen Baugruppen die Wechselverformung der Werkstoffe eine wesentliche Rolle, verursacht durch Temperaturwechsel sowie mechanische Wechselbeanspruchungen durch Vibration. Bei sich zyklisch wiederholenden Wechselbeanspruchungen tritt Werkstoffversagen auf, auch wenn die Dehnungsbeanspruchung innerhalb eines einzelnen Zyklus so niedrig ist, dass sie bei einsinniger Beanspruchung noch nicht zum Versagen geführt hätte [Wie08, S. 175]. Dies wird verursacht durch die sich bei zyklischer Wechselbeanspruchung akkumulierenden Versetzungsbewegungen, die zur Bildung neuer Versetzungen, Umgruppierung von Versetzungen in energetisch günstigere Anordnungen und zu Versetzungsannihilation führen [RHB12, S. 373]. Pro Zyklus sind Schädigungen des Werkstoffes z. T. kaum nachweisbar. Mit sich wiederholenden Belastungszyklen können diese sich jedoch derart akkumulieren, dass vollständiges Werkstoffversagen auftritt. Die Beschreibung zyklischer Verformungen kann auch mit Hilfe von Spannungs-Dehnungs-Diagrammen erfolgen, wobei der

Zusammenhang zwischen Spannung und Dehnung nicht eindeutig ist, sondern eine Hysterese ergibt [BS05, S. 112]. Abbildung 2.3 zeigt ein Beispiel für eine solche Hysterese als Reaktion auf eine zyklische Dehnungsbeanspruchung [Wie08, S. 170].

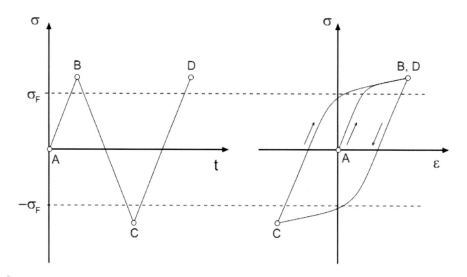

Abbildung 2.3: Zyklische Verformung mit einer symmetrischen Dreiecksfunktion und sich daraus ergebende Spannung-Dehnungs-Hysterese [Wie08, S. 170]

2.3 Erholung und Rekristallisation

Durch eine plastische Verformung erhöht sich der Energiegehalt eines Werkstoffes, d. h. der Zustand des Gefüges wird in Richtung zunehmenden Ungleichgewichtes verschoben. Oberhalb bestimmter Temperaturen können Prozesse zum Energieabbau durch Ausheilen und Umordnen der Gitterdefekte (Erholung) oder zur Kornneubildung (Rekristallisation) mit anschließendem Kornwachstum aktiviert werden [BS05, S. 29-32; Got07, S. 303-305]. Laufen diese Prozesse bereits während der Verformung ab, so werden sie als *dynamische* Prozesse bezeichnet [HH04, S. 415].

Das Ausheilen und Umlagern von Gitterdefekten während der Erholung erfolgt durch verschiedene Mechanismen [BS05, S. 30]

- Ausheilen: Diffusion von Zwischengitteratomen in Leerstellen, Auslöschen von Versetzungen mit umgekehrten Vorzeichen,
- Umlagern: Kondensation von Leerstellen, Polygonisation (Bildung von Kleinwinkelkorngrenzen (Subkorngrenzen), Anordnen von Versetzungen in regelmäßigen Reihen, damit Abnahme der Versetzungsenergie).

Unter Rekristallisation versteht man die Gefügeneubildung verformter Metalle, die sich durch die Entstehung und Bewegung von Großwinkelkorngrenzen vollzieht. Die durch Verformung entstandenen Gitterdefekte werden beseitigt. Diese Form der Rekristallisation wird auch diskontinuierliche Rekristallisation genannt, da die Versetzungsdiche im Material nicht gleichmäßig, sondern diskontinuierlich von diskreten Körnern beseitigt wird [Got07, S. 304]. Die Kornneubildung erfolgt über Keimbildung und Keimwachstum. Die drei gebräuchlichsten Modelle zur Beschreibung der Keimbildung sind in [RJS05] und [Bür11, S. 48-49] zusammengefasst und lauten wie folgt:

- „Ausbauchen" vorhandener Großwinkelkorngrenzen vorwiegend bei gering verformtem Material. Die treibende Kraft resultiert aus verschiedenen Versetzungsdichten oder unterschiedlichen Subkorn- oder Zellgrößen, so dass die Korngrenze in das stärker verformte Gefüge hineinwächst und dabei die dortigen Versetzungen vernichtet, Abbildung 2.4.
- Wanderung von Kleinwinkelkorngrenzen (Subkorngrenzen), die sich durch dynamische Erholungsvorgänge bereits während der Verformung gebildet haben oder während der Inkubationszeit der Rekristallisation in stark verzerrten Bereichen mit hoher Versetzungsdichte formiert haben. Wachsen einige Subkörner selektiv besonders stark unter Aufzehrung kleinerer, so können dabei so große Orientierungsunterschiede entstehen, dass sich lokal Großwinkelkorngrenzen ergeben.
- Subkornkoaleszenz, d. h. das Zusammenwachsen von Subkörnern durch einen Rotationsvorgang, der in Abbildung 2.5 schematisch dargestellt ist.

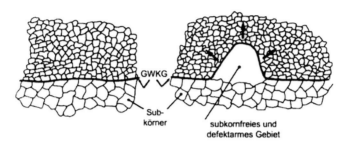

Abbildung 2.4: Rekristallisation durch „Ausbauchen" vorhandener Großwinkelkorngrenzenteilstücke in Körner mit kleinerer Subkorn- oder Zellgröße hinein [Bür11, S. 48]

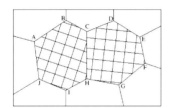

(a) Subkorn vor der Subkornkoalenszenz

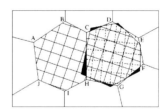

(b) Drehung einer der Subkörner

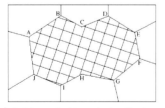

(c) Subkorn direkt nach der Koaleszenz

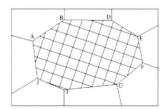

(d) Endgültige Subkornstruktur nach weiteren Wanderungen von Subkorngrenzen

Abbildung 2.5: Koaleszenz zweier Subkörner durch Drehung einer der beiden, aus [RJS05]

Die Rekristallisation hängt von verschiedenen Parametern ab [BS05, S. 30-31], z. B. dem Grad der Verformung, der Temperatur, der Schmelztemperatur des Werkstoffes, der Zeit, der Korngröße des verformten Gefüges sowie der chemischen Zusammensetzung des Materials. Der Verformungsgrad muss einen vom Werkstoff und der Temperatur abhängigen Mindestwert überschreiten, ehe die Rekristallisation beginnen kann. Die für die Kornneubildung erforderliche Energie ist erst dann ausreichend. Wird die von außen zugeführte Energie (Temperatur) größer, dann setzt die Rekristallisation bei geringeren Verformungsgraden ein. Je fester die atomare Bindung, d. h. je höher die Schmelztemperatur, desto träger laufen die Platzwechselvorgänge bei der Rekristallisation ab. Die unterste Rekristallisationsschwelle liegt bei einer homologen Temperatur von etwa 0,4. Die homologe Temperatur von SnAg3,0Cu0,5-Lot mit einer Schmelztemperatur von ca. $217\,°C$ beträgt bei Raumtemperatur etwa 0,6.

Die Abhängigkeit der Korngröße des rekristallisierten Materials von der Temperatur und dem Verformungsgrad wird in sog. Rekristallisationsschaubildern dargestellt. Ein schematisches Beispiel ist in Abbildung 2.6 gezeigt [BS05, S. 31].

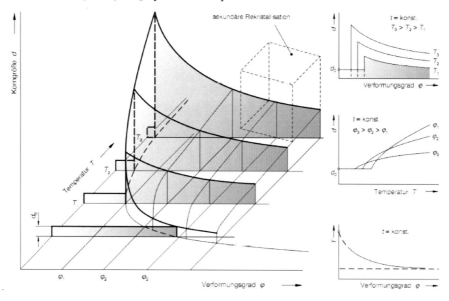

Abbildung 2.6: Schematisches Rekristallisationsschaubild [BS05, S. 31]

Eine Sonderform der Rekristallisation ist die sog. kontinuierliche oder in-situ Rekristallisation [RJS05]. Die Gefügeneubildung erfolgt hier ohne merkliche Bewegung von Korngrenzen und diskontinuierliches Wachstum einzelner Körner. Vielmehr wird eine starke Erholung im deformierten Material beobachtet, wobei durch Akkumulation von Versetzungen in Subkorngrenzen sowie die Vereinigung vieler Subkorngrenzen neue Korngrenzen entstehen [Got07, S.304-430]. Der Übergang von der sog. erweiterten Erholung hin zur kontinuierlichen Rekristallisation kann nach der Definition von [HC96] auf Basis des relativen Anteils von Kleinwinkel- zu Großwinkelkorngrenzen erfolgen.

Ist ein Gefüge vollständig rekristallisiert, kann ein weiterer Energieabbau bei entsprechender thermischer Aktivierung durch Kornwachstum erfolgen. Die treibende Kraft ist dabei die Verringerung der Korngrenzenenergie durch Verminderung der totalen Korngrenzenflächen. Zwei Erscheinungsformen der Kornvergrößerung werden unterschieden [RM11, S. 65-68]:

- stetige (kontinuierliche/normale) Kornvergrößerung bei gleichmäßiger Abnahme der Korngrenzendichte, was zu einem „homogenen" Grobkorngefüge führt, das aus vielen Einzelkörnern gleichmäßig aufgebaut ist,
- sekundäre Rekristallisation (unstetiges/anormales diskontinuierliches Kornwachstum), das dadurch gekennzeichnet ist, dass nur einige wenige Körner stark anwachsen, während die übrigen unverändert bleiben.

Die Kornvergrößerung kommt in der Regel zum Erliegen, wenn die Korngröße die Dimension der kleinsten Probenabmessung erreicht hat.

2.4 Verformung von Lötverbindungen

In Elektronikanwendungen sind Lötverbindungen verschiedenen Belastungsszenarien ausgesetzt. Ausfälle, die in Zusammenhang mit Lötverbindungen stehen, werden zum überwiegenden Teil auf Temperaturwechelbelastungen zurückgeführt [Ste00, Vorwort; TBCS02]. Unterschiede in thermischen Ausdehnungskoeffizienten zwischen den zu verbindenden Elementen, also z. B. einer Leiterplatte und einem Chipwiderstand, führen zur Verformung der Lötverbindung [Mat05b, S. 23-24]. Die dabei ablaufenden Mechanismen sind bisher nur unvollständig verstanden [BZB+12]. Lote werden auf Grund ihrer vergleichsweise geringen Schmelztemperatur bei hohen homologen Temperaturen > 0,4 belastet. Die wesentlichen Belastungsbedingungen entsprechen im Verformungsmechanismusdiagramm in Abbildung 2.1 dem Bereich des Versetzungskriechens [Röl09, S. 27]. Zyklische Verformung durch Temperaturwechsel führt zu Kriechermüdung bei gleichzeitiger Veränderung des Gefüges in Form von Erholung und Rekristallisation. Es existieren umfangreiche Arbeiten, die mechanische Kennwerte zur Beschreibung der Kriech- und Ermüdungseigenschaften unterschiedlicher Lotmaterialien unter verschiedenen Bedingungen untersucht haben, u. a. [Jud06; VPDA09; Mat05a; Röl09; Wie08; Hwa01]. Auf eine detaillierte Auswertung dieser Untersuchungen wird an dieser Stelle verzichtet, da sich diese Arbeit eher mit metallographischen Analysen beschäftigt.

Zum Verständnis der ablaufenden Schadensmechanismen dienen überwiegend Schliffanalysen [SZE+09]. Nachdem sich im Bereich der bleifreien Lote anfänglich viele Untersuchungen auf die Eigenschaften der intermetallischen Grenzschichten konzentriert haben, gilt das aktuelle Forschungsinteresse mehr den Eigenschaften der Zinn-Matrix [TBCS02], da die größte Schädigung durch Thermowechsel in der Zinn-Matrix zu beobachten sind. Insbesondere der Einfluss der Kornstruktur muss noch verstanden werden [BZB+12; VWC+10], denn die starke Anisotropie von Sn beeinflusst maßgeblich die Schädigung innerhalb von bleifreien Loten mit hohen Sn-Anteilen. Dies konnte in [BJL+08] am Beispiel von Ball Grid Arrays (BGAs) gezeigt werden. BGAs mit balls aus SnPb-Lot weisen in der Regel die größten Dehnungen und Schädigungen in den äußeren Bereichen auf (man bezeichnet das Zentrum des Bauelementes als *neutral point* und die Beanspruchung nimmt mit dem Abstand zum *neutral point* zu). Im Falle von SnAgCu-Verbindungen wurde jedoch festgestellt, dass auch balls in der Mitte des Bauelementes starke Schädigungen aufwiesen und der Grad der Schädigung mit der Kornorientierung des balls relativ zur Hauptbelastungsrichtung korreliert werden kann.

Im Ausgangszustand bestehen SnAg- und SnAgCu-Lötverbindungen in der Regel aus nur wenigen Körnern [SPD10; TBCS02; LAF+04; TTNT04]. In einigen Beobachtungen wurden Minoritätsorientierungen festgestellt, die bevorzugte Missorientierungen zur Hauptorientierung aufweisen [LXBC10; SB08; TBCS02; TBC06].

In Kriechversuchen mit einsinniger Belastung von Scherlap-Proben wurde festgestellt, dass abhängig von der Temperatur unterschiedliche Schadensmechanismen auftreten. Während bei Raumtemperatur Risse parallel zu Zwillingskorngenzen beobachtet wurden, trat bei höheren Temperaturen eher Korgrenzengleiten auf, welches die Bildung von Rissen zu verhindern schien [Tel05]. In [SB08] wurde abhängig von der Lotzusammensetzung in SnAgCu-Loten Korngrenzengleiten bereits bei Raumtemperatur beobachtet. Ein geringerer Ag-Anteil im Lot führte zu weniger Zwillingskorngrenzen und zu mehr Korngrenzengleiten. In beiden Untersuchungen schien die Anwesenheit von Zwillingskorngrenzen eine Kriechdeformation durch Korngrenzengleiten zu unterdrücken.

Unter Temperaturwechselbelastungen werden dynamische Rekristallisation, Korngrenzengleiten und Korndekohäsion als maßgeblich den Schädigungsprozess beeinflussende Mechanismen genannt [LTSB02; KLS+05; SNL08; VWC+10]. Rekristallisation tritt demnach in den Bereichen höchster Beanspruchung auf und kann je nach Größe der Verbindung, Spannungsverteilung, Ausrichtung der Kornorientierung zur Hauptbelastungsrichtung und anderen Faktoren unterschiedlich stark ausgeprägt sein. In [TBCS02] verlief die Rekristallisation innerhalb von Scherlap-Proben sehr inhomogen in Bereichen stark ausgeprägter Scherbänder. In [TTNT04] wird am Beispiel von BGAs beschrieben, dass Rekristallisation in Bereichen hoher Spannungen beginnt und sich dann über die gesamte Verbindung ausbreitet. Die Rekristallisationsfront kann durch das Vorhandensein von Korngrenzen beeinflusst werden, denn Rekristallisation beginnt bevorzugt an bereits vorhandenen Korngrenzen [HCL12].

Sehr wenig ist bisher bekannt über die tatsächlich ablaufenden Rekristallisationsmechanismen. Ein Modell wird in [TTNT04] vorgestellt. Dieses beschreibt den Rekristallisationsvorgang über die Ausbildung von Subkorngrenzen in Bereichen hoher Spannung mit anschließender Bildung von allgemeinen Korngrenzen, siehe Abbildung 2.7. Durch Thermowechseltests entstandene große Missorientierungen lassen in [TBCS02] die Vermutung zu, dass diskontiniuierliche (primäre) Rekristallisation die Veränderungen der Kornstruktur verursacht hat. In Untersuchungen an BGAs wurde wiederum eine allmähliche Zunahme der Missorientierungen mit der Belastung beobachtet, die eher einer kontinuierlichen Rekristallisation entpricht [BJL+08]. In [BZB+12] wird wiederum aus Untersuchungen an BGAs geschlussfolgert, dass beide Prozesse in Loten vorkommen [BZB+12].

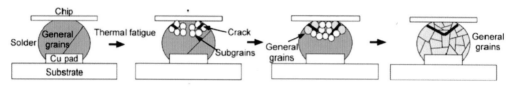

Abbildung 2.7: Schadensmodell von Terashima, angepasst aus [TTNT04]

3 Grundlagen der Mustererkennung

Neben der werkstoffphysikalischen Interpretation von Schadensmechanismen werden in dieser Arbeit Schliffanalysen auch dazu verwendet, quantitative Messgrößen zu bestimmen. Die Schadensanalyse kann als Klassifikationsaufgabe aufgefasst werden, wenn die Belastungen in Klassen eingeteilt werden und die Analyseergebnisse diesen Klassen zugeordnet werden.

Die Klassifikation ist Kernbestandteil der statistischen Mustererkennung, so dass in diesem Kapitel einige Grundlagen dieses Fachgebietes zusammengefasst werden. Im Abschnitt 3.1 werden zunächst einige Begriffe und Definitionen vorgestellt. Darauf aufbauend wird gezeigt, dass für den Fall der Analyse von Lötverbindungen die Klassifikation durch Ermittlung einer Entscheidungsfunktion die beste Herangehensweise darstellt. Einige Grundlagen und Methoden werden hierzu im Abschnitt 3.2 vorgestellt. Im Abschnitt 3.3 werden zwei in dieser Arbeit angewandte Aspekte der Implementierung, die Merkmalsselektion und Modellbewertung, erläutert.

3.1 Eine kurze Einführung

Der Begriff *Mustererkennung* setzt voraus, dass in einem gegebenen Datensatz *Muster* in Form von z. B. Regelmäßigkeiten, Wiederholungen oder Gesetzmäßigkeiten vorhanden sind. Die Erkennung dieser Muster stellt eine Klassifikationsaufgabe dar [JDM00]. (Automatische) Klassifikation ist ein Sammelbegriff für eine Reihe mathematischer und statistischer Verfahren mit dem Ziel, in der gegebenen Objektmenge homogene Klassen ähnlicher Objekte zu entdecken und eine „optimale oder möglichst zweckmäßige Gruppierung" zu konstruieren [Boc74, S. 14]. Nach [JDM00] existieren vier Ansätze für die Mustererkennung: Template-Matching, statistische Mustererkennung, syntaktische oder strukturelle Mustererkennung und Künstliche Neuronale Netze. Viele Aspekte der künstlichen neuronalen Netze sind gleichwertig oder ähnlich zu den Methoden der statistischen Mustererkennung [JDM00], so dass diese im weiteren Verlauf dieser Arbeit nicht als separater Ansatz behandelt werden.

Template-Matching ist eines der einfachsten Verfahren, bei dem ein Muster mit einem Template (deutsch: Vorlage) verglichen wird, z. B. bei der Erkennung von Bildern. Beim syntaktischen Ansatz wird zur Erkennung eines komplexen Musters dieses hierarchisch in Teilmuster zerlegt. Dies kann bspw. sinnvoll sein in Anwendungsfällen, in denen die Daten eine feste Struktur haben, wie z. B. EKG-Messungen [JDM00].

Von besonderem Interesse für diese Arbeit sind die Methoden der statistischen Mustererkennung. Jedes Muster wird durch verschiedene Merkmale beschrieben, die in Form von Merkmalsvektoren dargestellt werden. Wie in Abbildung 3.1 dargestellt, dienen diese als Eingangsgrößen für das Anlernen eines Klassifikators und können nach der Datenaufnahme durch Methoden der Merkmalsextraktion und -selektion vorverarbeitet werden. Das Anlernen des Klassikators erfolgt auf Basis von Trainingsdaten; das Ergebnis des Trainings stellt die Definition eines Klassifikators dar, mit dem neue Datensätze einer Klasse zugeordnet werden können.

Beim Lernen unterscheidet man zwischen dem überwachten und unüberwachten Lernen, Abbildung 3.2. Im ersten Falle sind die Klassen bekannt und die Muster sollen diesen Klassen zugeordnet werden. Im zweiten Fall sind keine Klassen vorgegeben, so dass die Definition von Klassen auch Bestandteil des Mustererkennungsprozesses ist.

Abhängig davon, welche Kenntnisse über die Merkmale vorliegen, gibt es verschiedene Ansätze zur Spezifizierung eines Klassifikators [JDM00; Web02, S. 5-28], Abbildung 3.2.

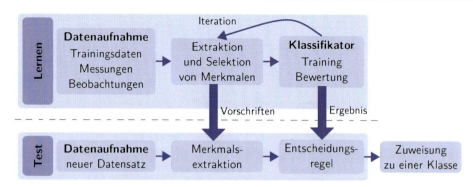

Abbildung 3.1: Übersicht statistische Mustererkennung

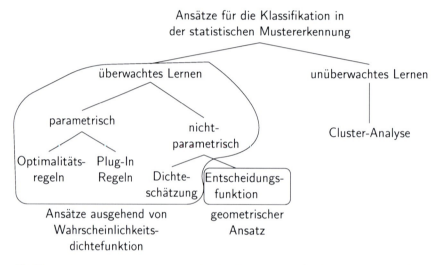

Abbildung 3.2: Verschiedene Ansätze für die Klassifikation in der statistischen Mustererkennung, nach [JDM00]

Beim überwachten Lernen unterscheidet man zwischen den Verfahren, die von der Wahrscheinlichkeitsdichtefunktion der Merkmalsvektoren ausgehen, und Verfahren mit geometrischem Ansatz.

Für die ersteren ist der Ausgangspunkt das Bayes'sche Theorem [Web02, S.6-9]. Ein Muster $\mathbf{x}$ wird demnach der Klasse ω_1 zugewiesen, wenn für die a-posteriori-Wahrscheinlichkeit $p(\omega_1|\mathbf{x})$ gilt: $p(\omega_1|\mathbf{x}) > p(\omega_2|\mathbf{x})$. Ist dies nicht der Fall, wird $\mathbf{x}$ der Klasse ω_2 zugewiesen. Da in der Praxis die Wahrscheinlichkeitsdichtefunktionen nie vollständig bekannt sind, muss ein Klassifikator angelernt werden. Beispiele für Verfahren, in denen die Parameter der Dichtefunktion geschätzt werden, sind Optimalitätsregeln und Bayes' Plug-In, vergleiche Abbildung 3.2. Nicht-Parametrische Methoden zur Bestimmung eines Klassifikators sind z. B. der Nächste-Nachbar-Klassifikator und der Parzen-Klassifikator [Bis95, S.55; JDM00; KRS11, S. 125-135]. Beim geometrischen Ansatz im überwachten Lernen wird direkt aus den Trainingsdaten eine Entscheidungsfunktion hergeleitet, auch Diskriminanz- oder Trennfunktion genannt. Hierbei wird eine Funktion bestimmt, die die Grenzen zwischen den Klassen angibt. Eine Kenntnis der

Wahrscheinlichkeitsdichtefunktion der Merkmalsvektoren ist in diesem Fall nicht erforderlich. Beispiele sind Künstliche Neuronale Netze, Support Vector Machines und Entscheidungsbäume. Unüberwachtes Lernen kann z. B. durch eine Cluster-Analyse umgesetzt werden [Web02, S. 361-408]. Da die Klassen nicht bekannt sind, versucht die Cluster-Analyse die Trainingsdaten in homogene Gruppen einzuteilen [BPW10, S. 15]. Die so gewonnene Einteilung kann als Klassendefinition für einen überwachten Lernprozess diesen. Eine übersichtliche Zusammenfassung des umfangreichen Fachgebietes der Cluster-Analyse gibt [JMF99].

3.2 Klassifikation durch Ermittlung einer Entscheidungsfunktion

Eine erste Eingrenzung der für Zuverlässigkeitsanalysen an Lötverbindungen geeigneten Klassifikationsverfahren kann anhand Abbildung 3.2 durchgeführt werden. Die Klassen, in die unterteilt werden soll, sind bekannt. Eine mögliche Klasseneinteilung könnte lauten: *Temperaturlagerung*, *Temperaturschock* und *langsamer Temperaturwechsel*. Die Methoden des überwachten Lernens lassen sich wiederum grob einteilen in Verfahren, die vom Ansatz her mit Wahrscheinlichkeitsdichtefunktionen arbeiten, und Verfahren mit geometrischem Ansatz. Der geometrische Ansatz, der eine Klassifikation über die Optimierung einer Entscheidungsfunktion durchführt, ist im Falle von Zuverlässigkeitsanalysen von Lötverbindungen anzustreben. Die Stichprobenanzahl bei Zuverlässigkeitsanalysen an Lötverbindungen sind i. A. zu gering, um Schätzwerte für Dichtefunktionen hinreichend genau zu bestimmen. Die Probenanzahl sollte für das Arbeiten mit Wahrscheinlichtsdichtefunktionen laut [Dui95] mindestens so groß sein wie die Anzahl der Merkmale. Bei der Klassifikation über eine Entscheidungsfunktion gibt es dagegen prinzipiell keine Einschränkung an die Menge der benötigten Datensätze.

In den folgenden Abschnitten werden einige Methoden zur Bestimmung einer Entscheidungsfunktion vorgestellt: die Künstlichen Neuronalen Netze, Abschnitt 3.2.2, die Support Vector Machines, Abschnitt 3.2.3 und die Entscheidungsbäume, Abschnitt 3.2.4. Vorab wird im Abschnitt 3.2.1 auf die grundsätzliche Herangehensweise bei der Ermittlung einer Entscheidungsfunktion eingegangen und es werden weitere wichtige Begriffe eingeführt.

3.2.1 Überwachtes Lernen

Die Ermittlung der Entscheidungsfunktion erfolgt wie bereits beschrieben durch sog. *überwachtes Lernen* mit Hilfe eines Trainingsdatensatzes bestehend aus einem Satz von Beobachtungen (oder Messungen, Trainingsbeispiele) zweier Größen $\mathbf{x}$ und y

$$(\mathbf{x}_1, y_1), \dots, (\mathbf{x}_n, y_n) \in \mathbb{R}^N \times Y$$

$\mathbf{x}_i$ seien die Eingangsdaten bzw. Merkmale, y_i die Klassen, n die Anzahl der Trainingsdatensätze [SMS99]. Die Trainingsdaten werden gemäß einer unbekannten Wahrscheinlichkeitsverteilung $P(\mathbf{x}, y)$ erzeugt. Lernen im maschinellen Sinne beinhaltet die Suche nach derjenigen Funktion $f(\mathbf{x}, \alpha), \alpha \in \mathcal{A}$, die den Zusammenhang zwischen $\mathbf{x}$ und y am besten approximiert ($\mathcal{A}$ ist ein zu findender Satz von Parametern) [Sch07, S. 3]. Dabei wird nicht nur eine möglichst hohe Klassifikationsgenauigkeit auf den Trainingsdaten angestrebt, sondern auch eine gute Generalisierungsfähigkeit – dies ist die Fähigkeit, neue unbekannte Datensätze richtig zu klassifizieren [Alp04, S. 33].

Die Suche nach einem Klassifikator, der eine hohe Klassifikationsgenauigkeit auf den Trainingsdaten erreicht, kann unter Umständen zu sehr komplexen Trennfunktionen führen. Mit steigender Komplexität wird die Generalisierungsfähigkeit zunächst meist besser, verschlechtert sich jedoch wieder, wenn ein Klassifikator komplexer ist, als er es von der vorliegenden Datenstruktur sein dürfte (sog. *Overfitting*) [Alp04, S. 33-34]. Gleichzeitig verbessert sich die Generalisierungsfähigkeit i. d. R. mit der Menge der zur Verfügung stehenden Trainingsdatensätze [Die03]. Ein Lernalgorithmus muss daher einen Kompromiss zwischen der Komplexität eines Klassifikators, seiner Generalisierungsfähigkeit und der Menge der zum Training benötigten Daten finden [Die03].

Die im weiteren Verlauf dieses Kapitels vorgestellten Methoden verfolgen unterschiedliche Ansätze, diesen Kompromiss umzusetzen. Ausgangspunkt zur Bestimmung der Trennfunktion $f(\mathbf{x}, \alpha)$ ist jedoch immer eine vom Lernalgorithmus abhängige Risikofunktion $R(\alpha)$ [Sch07, S. 4]. Das Risiko eines Ereignisses ergibt sich aus dem Produkt der Kosten dieses Ereignisses und seiner Auftrittswahrscheinlichkeit. Das Gesamtrisiko einer Entscheidungsregel wird bestimmt über das Integral der Einzelrisiken über den gesamten Messraum:

$$R(\alpha) = \int L(y, f(\mathbf{x}, \alpha)) \, \mathrm{d} P(\mathbf{x}, y) \tag{3.1}$$

Die Kostenfunktion $L(y, f(\mathbf{x}, \alpha))$ ermöglicht es, den Einfluss von Klassifikationsfehlern zu erfassen, und könnte im einfachsten Fall durch die Differenz von Soll- und Istausgabe eines Klassfikators definiert werden [Bur98]:

$$L_1(y, f(\mathbf{x}, \alpha) = \frac{1}{2}|y - f(\mathbf{x}, \alpha)| \tag{3.2}$$

Die beste Approximation des Zusammenhangs zwischen $\mathbf{x}$ und y wird durch diejenige Funktion $f(\mathbf{x}, \alpha_0))$ erzielt, die das Risiko $R(\alpha)$ minimiert. In der Praxis ist $R(\alpha)$ ein theoretischer Wert, das *tatsächliche* Gesamtrisiko. Die Berücksichtigung im Lernalgorithmus muss mit Näherungen basierend auf den Trainingsdaten erfolgen. So wird z. B. bei der sog. *empirischen Risikominimierung* $R(\alpha)$ durch $R_{emp}(\alpha)$ ersetzt [Sch07, S. 4]

$$R_{emp}(\alpha) = \frac{1}{l} \sum_{i=1}^{l} L(y, f(\mathbf{x}, \alpha)) \tag{3.3}$$

Das Ziel der empirischen Risikominimierung ist es, den Klassifikationsfehler auf dem vorliegenden Trainingsdatensatz zu minimieren.

Bei endlichem, und insbesondere kleinem, Stichprobenumfang wird die Minimierung des empirischen Risikos i. A. nicht zu einer guten Klassifikationsleistung an einer neuen, sich mit der Trainingsstichprobe nicht überlappenden (disjunkten) Teststichprobe führen. Um eine gute Generalisierungsfähigkeit des Klassifikators zu erreichen, wird die Komplexität einer Entscheidungsfunktion mittels einer vom Lernalgorithmus abhängigen Kapazitätssteuerung kontrolliert. Mit Hilfe der Vapnik-Chervonenkis-Dimension (VC-Dimension) h, die ein Maß für die Kapazität einer Klasse von Trennfunktionen darstellt, kann ein oberer Grenzwert für das erwartete Risiko (Gleichung 3.1) angegeben werden. Mit der Wahrscheinlichkeit $1 - \eta$ gilt [Bur98; Nie03, S. 361; Sch07, S. 10-11]

$$R(\alpha) \leq R_{emp}(\alpha) + \sqrt{\frac{h\left(\log \frac{2l}{h} + 1\right) - \log\left(\frac{\eta}{4}\right)}{l}} \tag{3.4}$$

Für ein Zweiklassenproblem gibt h die maximale Zahl von Mustern an, die durch diese Funktionen in alle möglichen 2^h Partitionen zerlegt werden können. Gleichung 3.4 zeigt auch analytisch, dass das tatsächliche Risiko gut durch das empirische Risiko angenähert wird, wenn viele Trainingsdaten vorhanden sind: bei großem l/h wird der zweite Summand in Gleichung 3.4 klein. Wenn l/h jedoch klein ist (i. d. R. $l/h < 20$ [Sch07, S. 13]), dann garantiert ein kleines R_{emp} jedoch kein kleines tatsächliches Risiko. Um ein kleines tatsächliches Risiko zu erhalten müssen beide Summanden der Gleichung 3.4 gleichzeitig minimiert werden. Dies wird erreicht durch sog. *strukurelle Risikominimierung* [Mon05, S. 10-11]. Zerlegt man einen gegebenen Satz $\mathcal{S}$ von möglichen Trennfunktionen $Q(y, f(\mathbf{x},\alpha))$ derart in Teilmengen $\mathcal{S}_k = \{Q(y, f(\mathbf{x}, \alpha)), \alpha \in \mathcal{A}_k\}$, dass

$$\mathcal{S}_1 \subset \mathcal{S}_2 \subset \cdots \subset \mathcal{S}_n \cdots \tag{3.5}$$

mit der endlichen VC-Dimension h_k jeder Teilmenge $\mathcal{S}_k$

$$h_1 \leq h_2 \leq \cdots \leq h_n \ldots \tag{3.6}$$

wählt die strukturelle Risikominimierung diejenige Funktion $Q(y, f(\mathbf{x}, \alpha_l^k))$ als Lösung des Optimierungsproblems, die in der Teilmenge $\mathcal{S}_k$ das empirische Risiko minimiert und für die das Gesamtrisiko nach der Definition in Gleichung 3.4 minimal wird. Die strukturelle Risikominimierung wiegt Genauigkeit gegen Komplexität der Entscheidungsfunktion ab [Sch07, S. 13].

Mit Hilfe der bis hierhin gelegten Grundlagen werden in den folgenden Abschnitten drei unterschiedliche Klassifikationsmethoden vorgestellt. Neben der grundsätzlichen Beschreibung wird jeweils auf die Herangehensweise zur Optimierung der Kostenfunktion und die Umsetzung der Kapazitätssteuerung eingegangen.

3.2.2 Künstliche Neuronale Netze

Klassifikatoren, die sogenannte *künstliche neuronale Netze* (kurz: ANN, von engl. *artificial neural network*) verwenden, besitzen eine Struktur, die in sehr vereinfachter Weise das menschliche Gehirn nachbilden [KRS11, S. 155]. Sie bestehen aus Neuronen sowie gerichteten, gewichteten Verbindungen zwischen diesen [Kri07, S. 35]. Die Funktionsweise eines ANN sei kurz am Beispiel eines einfachen Netzes erläutert, wie es in Abbildung 3.3 gezeigt ist.

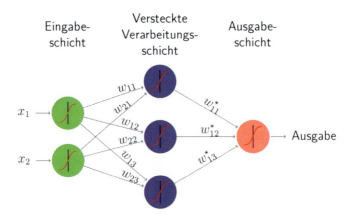

Abbildung 3.3: Einfaches Beispiel eines ANNs, ω_{ij} sind die Gewichte (vergleiche Abbildung 3.4), nach [Apo10]

Die Eingabeschicht enthält typischerweise ein Neuron pro Merkmal des Datensatzes. Im Falle einer Klassifizierung soll die Ausgabegröße die Klasse des Merkmalssatzes wiedergeben. Zwischen Ein- und Ausgabe können ein oder mehrere versteckte Schichten mit Neuronen existieren, die eine Datenverarbeitung durchführen.

Die wesentlichen Bestandteile eines künstlichen Neurons zeigt Abbildung 3.4, die [Kri07, S. 37] entnommen ist. Die Eingangsgrößen werden mit Gewichten multipliziert und mittels der Propagierungsfunktion in eine skalare Größe umgewandelt. Häufig handelt es sich bei der Propagierungsfunktion um die gewichtete Summe der Eingangsgrößen. Die Gewichte sind variabel und können z. B. in einem Lernprozess angepasst werden. Neuronen werden aktiviert, wenn die Netzeingabe ihren Schwellenwert überschreitet. Die Aktivierungsfunktion berechnet abhängig von der Netzeingabe, vom Schwellenwert und einer unter Umständen bereits hinterlegten Aktivierung, wie stark ein Neuron aktiviert ist. Häufig verwendete Aktivierungsfunktionen sind z. B. die Sprungfunktion (auch *binäre Schwellenwertfunktion* oder *Heaviside-Funktion* genannt), die Fermi-Funktion sowie der Tangens-Hyperbolicus [JMM96; Kri07, S.39-40]. Eine Ausgabefunktion kann genutzt werden, um die Aktivierung nochmals zu verarbeiten und den Ausgabewert des Neurons zu berechnen [Ger03; Kri07, S. 41]. ANNs verbinden die einzelnen Neuronen miteinander, um Informationen zu verarbeiten [Ger03].

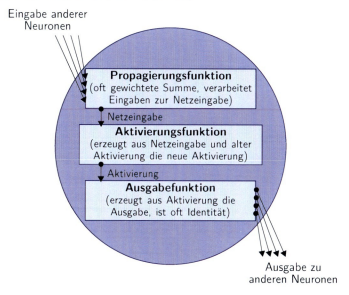

Abbildung 3.4: Datenverarbeitung eines Neurons [Kri07, S. 37]

Basierend auf der Netzwerkarchitektur können ANNs in zwei Gruppen eingeteilt werden [JMM96; Kri07, S. 41-45]:

- *feed forward*-Netze bestehen aus Schichten und Verbindungen zur jeweils nächsten Schicht. Dies sind die am häufigsten eingesetzten Netze. Zu den *feed forward*-Netzen gehören u. a. das Singlelayer Perceptron, das Multilayer Perceptron und die Radial-Basisfunktionennetze.

- *recurrent* (rückgekoppelte) Netze besitzen auch Rückkopplungsverbindungen, z. B. direkte Verbindungen, die an ein und demselben Neuron starten und enden. Rückgekoppelte Netze sind u. a. das Hopfield-Netz und das Jordan-Netz.

Das in Abbildung 3.3 gezeigte Beispiel ist ein *feed forward*-Netz mit Eingabeschicht, einer versteckten Verarbeitungsschicht und einer Ausgabeschicht. Untersuchungen konnten zeigen, dass ein einfaches *feed forward*-Netz mit nur einer versteckten Schicht jede Funktion approximieren kann, solange die versteckte Schicht genügend Neuronen mit nichtlinearer Übertragungsfunktionen enthält [HSW89].

Lernen im Falle von ANNs besteht im Wesentlichen in der Aufgabe, die Netzwerkarchitektur und die Gewichte so anzupassen, dass eine bestimmte Fragestellung gelöst werden kann. Die Gewichte werden meist mit Hilfe vorhandener Datensätze trainiert. Der bekannteste Algorithmus zum Trainieren eines ANN ist der des *backpropagation of error* [Apo10], wobei die Minimierung der Risikofunktion durch Gradientenabstieg bezogen auf die Gewichte erfolgt. Die Optimierung der Netzwerkarchitektur erfolgt durch empirische Risikominimierung [TG06], die bereits im Abschnitt 3.2.1 vorgestellt wurde. Die strukturelle Risikominimierung kann implizit vom Nutzer angewendet werden, indem eine monotone Erhöhung der Anzahl der Neuronen in der versteckten Schicht jeweils eine Teilmenge von Funktionen unterschiedlicher VC-Dimension realisiert [Sch07, S. 13].

Die Kapazitätssteuerung erfolgt bei ANNs durch sog. Regularisierung. Der Risikofunktion R wird ein Kostenparameter Ω hinzuaddiert [Bis95, S.338]:

$$\widetilde{R} = R(\alpha) + \nu \Omega \qquad (3.7)$$

Das Fehlergewicht ν bestimmt, wie stark der Kostenparameter Ω die Lösung beeinflusst. Im Training wird dann $\widetilde{R}$ minimiert. Eine Funktion $f(\mathbf{x}, \alpha)$, die eine hohe Genauigkeit auf den Trainingsdaten erreicht, wird ein kleines $R(\alpha)$ erzielen, während eine einfache Funktion im Vergleich zu einer komplexen Funktion ein kleines Ω erzielt. Die Form von Ω wird vom Nutzer vorgegeben [Bis95, S. 338].

3.2.3 Support Vector Machines

Ziel der Support Vector Machine (kurz: SVM, zu deutsch „Stützvektormaschine") ist es, die bekannten Klassen durch eine Hyperebene zu trennen, wie sie schematisch in Abbildung 3.5 für ein zweidimensionales Problem dargestellt ist. In dieser Abbildung sind zwei Klassen durch Punkte unterschiedlicher Farbe dargestellt.

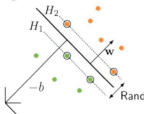

Abbildung 3.5: Linear separierende Hyperebene für linear separierbare Daten. Die Stützvektoren sind eingekreist.

Die Funktionsweise von SVMs wird zunächst am linear separierbaren Fall erläutert. Der Wertebereich für die Klassen wird festgelegt zu $y \in \{-1, +1\}$. Ausgehend von Abbildung 3.5 ergibt sich, dass alle Punkte $\mathbf{x}$, die auf der Trennebene liegen, die Bedingung $\mathbf{w} \cdot \mathbf{x} + b = 0$ erfüllen. $\mathbf{w}$ ist dabei der Normalenvektor auf der Trennebene. $|b|/||\mathbf{w}||$ ist der skalierte senkrechte Abstand der Ebene vom Koordinatenursprung. $||\mathbf{w}||$ ist die euklidische Norm von $\mathbf{w}$ und $\mathbf{w} \cdot \mathbf{x}$ ist das Skalarprodukt der Vektoren $\mathbf{w}$ und $\mathbf{x}$. Je nachdem, auf welcher Seite der Trennebene die Datenpunkte liegen, werden sie der Klasse $+1$ oder -1 zugewiesen (da $y \in \{-1,1\}$). Der Rand (engl. *margin*) der Trennebene ist der Bereich zwischen denjenigen positiven bzw. negativen Punkten, die den geringsten Abstand zur Trennebene haben. Er wird gebildet durch die Ebenen $H_1 : \mathbf{x}_i \cdot \mathbf{w} + b = 1$ und $H_2 : \mathbf{x}_i \cdot \mathbf{w} + b = -1$. Der Abstand vom Koordinatenursprung ist $|1 - b|/||\mathbf{w}||$ für H_1 und $|-1 - b|/||\mathbf{w}||$ für H_2. Die Breite des Randes ergibt sich damit zu $2/||\mathbf{w}||$ und hat Einfluss auf die Generalisierungsfähigkeit des Klassifikators – je breiter der Rand, desto besser die Vorhersagegenauigkeit auf neuen Datensätze. Im Falle linear separierbarer Daten ermittelt die Support Vector Machine die Trennebene mit maximalem Rand [Bur98].

Es wird angenommen, dass alle Trainingsdaten folgenden Bedingungen genügen (innerhalb des Randes liegen keine Trainingspunkte):

$$\mathbf{x}_i \cdot \mathbf{w} + b \geq +1 \quad \text{für} \quad y_i = +1, \tag{3.8}$$

$$\mathbf{x}_i \cdot \mathbf{w} + b \leq -1 \quad \text{für} \quad y_i = -1 \tag{3.9}$$

Zusammengefasst in einer Ungleichung ergibt sich daraus:

$$y_i(\mathbf{x}_i \cdot \mathbf{w} + b) - 1 \geq 0 \quad \forall i \tag{3.10}$$

Der Rand wird maximal, indem $||\mathbf{w}||^2$ unter Beachtung der Randbedingung 3.10 minimiert wird. Die Lösung dieses zweidimensionalen Problems erfolgt mit Hilfe der Methode von Lagrange, mit der Extremwerte unter Vorgabe von Nebenbedingungen bestimmt werden können [BSMM00, S. 418]. Für jede Bedingung in Gleichung 3.10 werden nichtnegative Lagrange-Multiplikatoren $a_i, i = 1, \ldots, l$ eingeführt, mit denen sich folgende Lagrange-Funktion ergibt:

$$L_{p(=\text{primär})} \equiv \frac{1}{2}||\mathbf{w}|| - \sum_{i=1}^{l} \alpha_i y_i(\mathbf{x}_i \cdot \mathbf{w}_i + b) + \sum_{i=1}^{l} \alpha_i \tag{3.11}$$

L_p muss nun minimiert werden bezogen auf $\mathbf{w}$ und b, während gleichzeitig die Ableitungen von L_p bezüglich aller α_i verschwinden müssen unter der Randbedingung $\alpha_i \geq 0$. Dies ist gleichbedeutend mit dem dualen Optimierungsproblem, dass L_p maximiert werden soll unter den Randbedingungen, dass der Gradient von L_p bezogen auf w und b verschwindet und $\alpha_i \geq 0$ [Bur98; MGC09]. Setzt man die Randbedingungen

$$w = \sum_i \alpha_i y_i \mathbf{x}_i \qquad \sum_i \alpha_i y_i = 0 \tag{3.12}$$

in Gleichgung 3.11 ein, erhält man

$$L_{d(=\text{dual})} \equiv \sum_i \alpha_i - \frac{1}{2} \sum_{i,j}^{l} \alpha_i \alpha_j y_i y_j \mathbf{x}_i \cdot \mathbf{x}_j \tag{3.13}$$

Support Vector Training (im Falle linearer Separierbarkeit) erfordert die Maximierung von L_d bezogen auf α_i, unter den Randbedingungen 3.12 und $\alpha_i > 0$. Für jeden Trainingspunkt gibt es einen Lagrange Multiplikator α_i. Diejenigen Punkte, für die $\alpha_i > 0$, werden *support vectors* genannt und liegen auf den Ebenen H_1, H_2.

Um diesen Algorithmus auch für Daten anwendbar zu machen, bei denen die Entscheidungsfunktion $f(\mathbf{x})$ keine lineare Abhängigkeit der Daten $\mathbf{x}$ aufweist, wenden SVMs den sog. Kernel-Trick an [SMS99]. Die Daten werden zunächst mittels einer Funktion Φ in einen hochdimensionalen Raum H transformiert: $\Phi : \mathbb{R}^d \mapsto H$, Abbildung 3.6.

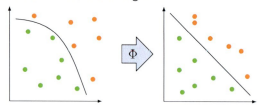

Abbildung 3.6: Transformation der Merkmalsvektoren in einen hochdimensionalen Raum, in dem die Daten linear separierbar sind.

Da im Trainingsalgorithmus alle Daten nur in Form von Skalarprodukten der Form $\mathbf{x}_i \cdot \mathbf{x}_j$ auftreten, würde auch in H der Algorithmus nur von Skalarprodukten abhängig sein, diese nun jedoch in der Form $\Phi(\mathbf{x}_i) \cdot \Phi(\mathbf{x}_j)$. Definiert man nun eine *Kernfunktion* K, so dass $K(\mathbf{x}_i, \mathbf{x}_j) = \Phi(\mathbf{x}_i) \cdot \Phi(\mathbf{x}_j)$, würde man im Trainingsalgorithmus nur K verwenden. Die explizite Kenntnis von Φ wäre nicht nötig, so lange die Kernelfunktion Mercer's Theorem erfüllt [SS98, S. 6-8]. Beispiele für Kernfunktionen sind [HCL10]:

- Lineare Funktion: $K(\mathbf{x}_i, \mathbf{x}_j) = \mathbf{x}_i \cdot \mathbf{x}_j$
- Polynom: $K(\mathbf{x}_i, \mathbf{x}_j) = (\gamma \mathbf{x}_i \cdot \mathbf{x}_j + r)^d, \gamma > 0$
- Radial-Basisfunktion: $K(\mathbf{x}_i, \mathbf{x}_j) = exp(-\gamma ||\mathbf{x}_i - \mathbf{x}_j||^2), \gamma > 0$
- Sigmoidfunktion: $K(\mathbf{x}_i, \mathbf{x}_j) = \tanh(\gamma \mathbf{x}_i \cdot \mathbf{x}_j + r)$

Um eine Überanpassung einer SVM zu vermeiden, werden Trainingsfehler (Daten innerhalb des Randes) zugelassen, d. h. die Randbedingungen 3.8 und 3.9 werden, wenn notwendig, entschärft. Dies wird erreicht durch die Schlupfvariable $e_i; i = 1, \ldots, l$, mit der sich die Bedingungen 3.8 und 3.9 ergeben zu:

$$\mathbf{x}_i \cdot \mathbf{w} + b \geq +1 - e_i \qquad \text{for} \quad y_i = +1 \qquad (3.14)$$

$$\mathbf{x}_i \cdot \mathbf{w} + b \leq -1 + e_i \qquad \text{for} \quad y_i = -1 \qquad (3.15)$$

$$e_i \geq 0 \qquad \qquad \forall i \qquad (3.16)$$

Beim Auftreten eines Fehlers muss das entsprechende $e_i > 1$ werden, so dass $\sum_i e_i$ einen oberen Grenzwert für die Anzahl der Trainingsfehler darstellt. Wird nun nicht nur $||\mathbf{w}||^2/2$ minimiert sondern der Ausdruck $||\mathbf{w}||^2/2 + C \sum_i e_i$, so ermöglicht der Kostenparameter C eine direkte Kapazitätsteuerung bei der Optimierung einer SVM. C, auch Fehlergewicht genannt, wird vom Nutzer gewählt. Es kontrolliert die Gewichtung zwischen den konkurrienden Zielen, einerseits einen breiten Rand für gute Generalisierungsfähigkeit, andererseits einen schmalen Rand für gute Klassifikationsergebnisse auf den Trainingsdaten zu erhalten. Je größer C, desto schärfer werden auftretende Fehler bewertet.

SVMs implementieren direkt die Methode der strukturellen Risikominimierung. Das empirische Risiko wird minimiert, indem möglichst wenig Datenpunkte im Rand zugelassen werden. Gleichzeitig wird die Komplexität gering gehalten, indem nur die Trennebene mit maximalem Rand als Lösung herangezogen wird (Einschränkung der Kapazität der Funktionenklasse) und für die Angabe der Lösung nur die Stützvektoren notwendig sind (sog. „dünn besetzte Lösung") [Sch07, S. 16].

3.2.4 Entscheidungsbäume

Bei einem Entscheidungsbaum erfolgt eine Klassifikation in mehreren Schritten. Statt in einem Schritt eine Entscheidung basierend auf allen Merkmalen zu treffen, werden mehrere Schritte mit jeweils nur einer Teilmenge von Merkmalen durchgeführt [Web02, S. 225-226]. Um ein Objekt eines Datensatzes zu klassifizieren, geht man vom Wurzelknoten aus entlang des Baumes abwärts. An jedem Knoten wird ein Merkmal (oder mehrere) abgefragt und eine Entscheidung getroffen [JDM00]. Diese Prozedur wird solange fortgeführt, bis das Objekt in einem Blatt des Baumes einer einzelnen Klasse zugeordnet werden kann.

Veranschaulicht wird dieses Vorgehen anhand des Beispieles in Abbildung 3.7. In diesem Beispiel wird ein Muster $\mathbf{x}$ mit den Merkmalen $x_i, i \in \{1\dots6\}$ beschrieben. Die Klassen seien $\omega_j, j \in \{1,2,3\}$. An jedem Knoten des Baumes wird ein Merkmal mit einem Schwellwert verglichen. Der oberste Knoten heißt Wurzel oder Wurzelknoten. Alle Knoten sind als Kreis dargestellt. Die Blätter des Baumes sind als Quadrate dargestellt und enthalten die jeweiligen Klassen. Soll nun z. B. ein Muster $\mathbf{x} = (1,2,3,4,5,6)$ klassifiziert werden, wird, ausgehend vom Wurzelknoten, zunächst x_6 mit dem Wert 2 verglichen. Da $x_6 > 2$, verfolgt man den rechten Zweig des Baumes. Als nächstes wird die Bedingungen $x_5 < 5$ abgeprüft. Da diese Bedingung nicht erfüllt ist, kann man das Muster der Klasse ω_2 zuordnen.

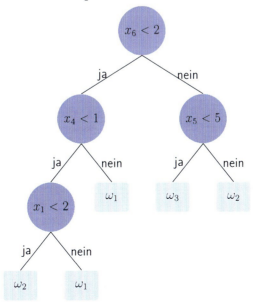

Abbildung 3.7: Klassifikation mittels Entscheidungsbaum, nach [Web02, S. 226]

Entscheidungsbäume werden generiert durch Induktion (Entwicklung) und Pruning (Optimierung) [Pet05, S. 137]. Die Induktion erfolgt mit Hilfe des Trainingsdatensatzes. Das Ziel besteht darin, den Trainingsdatensatz so lange in disjunkte Teilmengen aufzuspalten, bis jede Teilmenge nur noch Objekte einer Klasse enthält. An jedem Knoten wird daher eine Entscheidungsregel benötigt, die bestimmt, welches Merkmal oder welche Kombination von Merkmalen zur Teil-Klassifikation herangezogen wird, und die die Höhe des Schwellwertes festlegt. Im Beispiel in Abbildung 3.7 könnte eine lineare Kombination von Merkmalen z. B. $x_2 + x_4 < 7$ lauten. Auch nichtlineare Kombinationen sind möglich.

Eine Möglichkeit zur Definition der Entscheidungsregel an einem einzelnen Knoten t besteht in der Bestimmung der *Unreinheit* (engl. *impurity*) eines Knotens. Bei einem gegebenem Muster $\mathbf{x} = x_1, \ldots, x_k$ mit den Verteilungen $P = (p_1, \ldots, p_k)$ stellt die Funktion $\phi : [0,1]^k \to \mathbb{R}$ mit folgenden Eigenschaften ein Maß für die Unreinheit dar [RM08, S. 53-54; Web02, S. 231-232]:

- $\phi(P) \geq 0$
- $\phi(P)$ wird minimal wenn $\exists i$ so dass $p_i = 1$
- $\phi(P)$ wird maximal wenn $\forall i, 1 \leq i \leq k, p_i = 1/k$
- $\phi(P)$ ist symmetrisch hinsichtlicher der Komponenten von P
- $\phi(P)$ ist stetig (differenzierbar) im gesamten Wertebereich

Einfach ausgedrückt besagen diese Bedingungen unter Anderem, dass ϕ maximal wird für Teilmengen der Stichprobe, in denen alle Klassen gleichverteilt sind, und minimal, wenn nur eine Klasse vorkommt.

Ein Maß für die Güte einer Spaltung an einem Knoten ist z. B. die Änderung der Unreinheits-Funktion. Es existieren viele verschiedene Formen für ϕ, z. B. der sog. *Gini Index*, *Informationsgewinn* als Entropie-Maß, das *DKM-Kriterium* und weitere [RM08, S. 54-61].

Die Kapazitätssteuerung bei der Entwicklung eines Entscheidungsbaumes erfolgt durch sog. *Pruning*. Dies kann vor, während oder nach der Entwicklung des Baumes durchgeführt werden. Vor der Baumentwicklung kann z. B. eine Vorauswahl der Daten getroffen werden, um eine Überspezialisierung des Baumes durch bestimmte Objekte zu verhindern. Während der Entwicklung können Abbruchkriterien überprüft werden, um festzustellen, ob der aktuelle Knoten ein Endknoten wird. Nach der Entwicklung können Teilbäume durch Endknoten ersetzt werden. Das Pruning ist eine Form der Regularisierung, so dass die Kapazitätssteuerung analog zu der bei den ANNs vorgestellten Methodik erfolgt, siehe Gleichung 3.7 [Web02, S. 233-236].

3.3 Aspekte der Implementierung

Unabhängig davon, welche Klassifikationsmethode eingesetzt wird, erfolgt die Optimierung eines Klassifikators wie bereits beschrieben durch einen überwachten Lernprozess, vergleiche Abbildung 3.1. In der praktischen Umsetzung gibt es verschiedene Aspekte zu berücksichtigen. Zwei für diese Arbeit wichtige Themen werden im Folgenden erläutert – die Merkmalsselektion und die Modellbewertung.

3.3.1 Merkmalsselektion

Nach [JDM00] wird der Begriff Merkmalsselektion wie folgt definiert: Sind d Merkmale gegeben, soll eine Teilmenge von m Merkmalen so gewählt werden, dass der Klassifikationsfehler minimal wird. Diese Definition impliziert, dass nicht immer eine große Anzahl von Merkmalen auch zur bestmöglichen Klassifikation führt bzw. dass manchmal nicht alle Merkmale benötigt werden, um die bestmögliche Klassifikation zu erreichen. Eine Verringerung der Anzahl von Merkmalen kann z. B. Rechenaufwand reduzieren.

Bei der Merkmalsselektion gibt es verschiedene Herangehensweisen. Bei einer erschöpfenden Suche müssen alle $\binom{d}{m}$ möglichen Kombinationen getestet werden. Obwohl diese Methode garantiert, dass die optimale Lösung gefunden wird, wird sie in der Praxis selten Anwendung finden können, da die Anzahl möglicher Kombinationen schnell extrem groß werden wird. Eine andere Methode, die optimale Lösung zu finden, ohne alle Kombination abzutesten, wird durch den *branch and bound*-Algorithmus realisiert [JDM00]. Zwischenergebnisse werden als Grenzwerte für die Bewertung von Merkmalskombinationen herangezogen. Voraussetzung für den *branch and bound*-Algorithmus ist das Monotonie-Kriterium, welches davon ausgeht, dass die Klassifikationsgenauigkeit zunimmt, wenn zu einer Teilmenge von Merkmalen ein weiteres Merkmal hinzugefügt wird. Dieses Kriterium wird in der Praxis jedoch häufig nicht erfüllt [JDM00].

Neben diesen optimalen Methoden gibt es weitere, sub-optimale Methoden [Bay04, S. 50-57; JDM00; Web02, S. 307-317]:

- best individual: alle Merkmale werden einzeln abgeprüft. Die Merkmale mit den besten Einzelergebnissen bilden dann gemeinsam die gesuchte Teilmenge von m Merkmalen.
- sequential forward selection SFS: Ausgangspunkt ist die Initialisierung mit einem leeren Merkmalsset. In jedem Schritt der Suche wird nun ein Merkmal dem Merkmalsset hinzugefügt, bis die erwünschte Dimension des Merkmalsvektors erreicht ist. Einmal gewählte Merkmale können nicht wieder aus dem Merkmalsset entfernt werden.
- sequential backward selection SBS: Analog zur SFS, jedoch wird vom kompletten Merkmalsset ausgegangen und in jedem Schritt der Suche ein Merkmal entfernt.
- plus l take away r selection: eine Kombination aus SFS und SBS. Es werden l Merkmale zum Merkmalsset mittels SFS hinzugefügt und anschließend die schlechtesten r Merkmale mittels SBS entfernt.
- sequential forward floating search method SFFS: zählt zu den dynamischen Suchstrategien. Wie beim SFS wird von einem leeren Merkmalsset ausgegangen, welches mittels SFS auf zwei Merkmale erweitert wird. Zunächst fügt der Algorithmus das signifikanteste Merkmal aus den verbleibenden Merkmalen hinzu. Dann folgt der Schritt der konditionalen Merkmalsreduktion, in der überprüft wird, ob sich durch die Entfernung eines Merkmals aus dem aktuellen Subset eine Minimierung des Fehlers ergibt. Wenn es ein Subset gibt, das ein besseres Ergebnis als in dem bis dato besten $k-1$-Set liefert, wird das entsprechende Merkmal entfernt, d. h. ein SBS-Schritt wird vorgenommen, und ein weiterer Durchlauf der konditionalen Merkmalsreduktion folgt. Weist das reduzierte $k-1$-Subset jedoch kein kleineres Fehlerkriterium auf, so wird das entfernte Merkmal wieder hinzugefügt und der Algorithmus kehrt zum SFS-Teil zurück, falls die erwünschte Dimension des Merkmalsvektors noch nicht erreicht ist.

In Untersuchungen konnte gezeigt werden, dass der SFFS-Algorithmus vergleichbare Ergebnisse zum *branch and bound*-Algorithmus liefert bei gleichzeitig geringerem Rechenaufwand [JDM00].

3.3.2 Bewertung eines Klassifikators

Wie bereits beschrieben muss im Training eines Klassifikators ein Kompromiss aus der Klassifikationsgenauigkeit auf den Trainingsdaten und seiner Generalisierungsfähigkeit gefunden werden. Der am häufigsten eingesetzte Parameter zur Bewertung der Güte einer Klassifkationsfunktion ist die Anzahl von Fehlklassifizierungen (*error rate, misclassification rate*) [Han97, S. 7]. Um diese bestimmen zu können, werden die vorhandenen Daten in Trainings- und Testdaten unterteilt. Insbesondere bei kleinen Datenmengen ist dies von Nachteil, da somit noch weniger Daten für das Training zur Verfügung stehen. Verschiedene Methoden wurden entwickelt, die es ermöglichen, einen kleinen Datensatz sowohl für Trainings- als auch für Testzwecke heranzuziehen [Han97, S. 121-125; JDM00; Web02, S. 410]:

- k-fache Kreuzvalidierung: Eine vorhandene Datenmenge mit N Elementen wird in k möglichst gleich große Teilmengen $(k \leq N)$ aufgeteilt. In k Durchläufen wird jeweils eine Teilmenge als Testmenge und die verbleibenden k-1 Teilmengen als Trainingsmengen verwendet werden. Jeder Durchlauf erreicht eine Klassifikationsgenauigkeit, die die Anzahl der richtig klassifizierten Testdaten im Verhältnis zur Gesamtanzahl der Testdaten angibt. Das Gesamtergebnis der k-fachen Kreuzvalidierung ergibt sich dann als mittlere Klassifikationsgenauigkeiten der k Einzeldurchläufe. Häufig verwendete Werte für k sind 3 und 10 [KRS11, S. 206]. Ist k=N spricht man von einer *leave-one-out* Kreuzvalidierung.
- bootstrapping: Aus der Datenmenge mit N Elementen wird eine Beispielmenge mit wiederum N Elementen durch Ziehen mit Zurücklegen gebildet [JDM00]. Die Trainingsmenge enthält im Mittel 63 % der Daten der ursprünglichen Datenmenge [KRS11, S. 210]. Alle Instanzen, die nicht gezogen wurden, bilden die Testmenge. Der Vorgang wird mehrfach wiederholt und der Mittelwert der Fehlerrate berechnet.

Weitere Parameter zur Bewertung eines Klassifikators werden in [Han97, S. 97-117] definiert: die Ungenauigkeit (*imprecision* und *inaccuracy*), Untrennbarkeit (*inseparability*) und Ähnlichkeit (*resemblance*).

4 Untersuchung der Kornstruktur von Lötverbindungen mittels EBSD

Nach der Zusammenfassung der Grundlagen der Werkstoffphysik und der statistischen Mustererkenneung widmet sich dieses Kapitel den Grundlagen, der Durchführung und den Auswertemöglichkeiten der EBSD-Messungen (EBSD = Electron Backscatter Diffraction). Diese liefern in dieser Arbeit die Basis für neue Interpretationen von Schadensmechanismen sowie die Generierung quantitativer Messgrößen für die Mustererkennung. Im Abschnitt 4.1 wird zunächst beschrieben, wie im Rasterelektronenmikroskop Signale erzeugt und detektiert werden können, mit Hilfe derer man Informationen über Kristalleigenschaften erhalten kann. Es werden weiterhin Grundlagen zu Kristallprojektionen dargestellt und Fragestellungen zur Definition von Korngrenzen erläutert. Die einzelnen Schritte, die für eine EBSD-Messung durchzuführen sind, werden im Abschnitt 4.2 beschrieben. Diese umfassen die Probenpräparation, die Optimierung und Durchführung der Messungen sowie die Auswertung der Messergebnisse.

4.1 Theoretische Grundlagen

4.1.1 Allgemeine Erläuterung des Verfahrens

Die EBSD-Technik beruht auf der Auswertung eines an den Gitterebenen eines Kristalls gebeugten Elektronenstrahls. Durch konstruktive Interferenz kann ein auf die Oberfläche einer kristallinen Probe einfallender Elektronenstrahl von den Netzebenen derart „reflektiert" werden, dass Beugungsmaxima auftreten, die detektiert und ausgewertet werden können. Die Bedingung hierfür ist mathematisch in der bekannten Bragg'schen Gleichung formuliert [Kle98, S. 338]:

$$n\lambda = 2d \sin \theta_B \qquad (4.1)$$

Dabei gibt n die Beugungsordnung an, λ die Wellenlänge des Elektronenstrahls, d den Abstand der Netzebenen, an denen Beugung auftritt, und θ_B den Winkel zwischen Strahl und Netzebene, bei der Interferenz auftritt.

Durch Wechselwirkungen mit dem einfallenden Elektronenstrahl werden in der Probe u. a. Elektronen der äußeren Atomhüllen freigesetzt. Durch diese inelastische Streuung wirkt der Elektronenstrahl in der Probe als divergente Elektronenquelle. Das bedeutet, dass ein gewisser Anteil von Elektronen immer die Bragg'sche Beugungsbedingung erfüllt und das für alle Netzebenen der Probe. Die so angeregten Elektronen werden wiederum an den Netzebenen elastisch gestreut und ergeben das Beugungssignal. Dieses Prinzip ist in Abbildung 4.1a anschaulich dargestellt. Jedes Netzebenenpaar erzeugt einen Abstrahlkegel (Kossel-Kegel) [VPDA09, S. 35], der vom Detektor, typischerweise ein Phosphorschirm, geschnitten wird und dort ein charakeristisches Paar von Linien (Kikuchi-Linien) abbildet. Für jede Probe erhält man ein Kikuchi-Pattern bestehend aus vielen Kikuchi-Linien. Ein schematisches Kikuchi-Pattern mit einigen daraus entnehmbaren Parametern ist in Abbbildung 4.1b zu sehen. Aus diesen Daten können dann Informationen über Material und Kristallorientierung der Probenstelle entnommen werden [Ran03, S. 26-39].

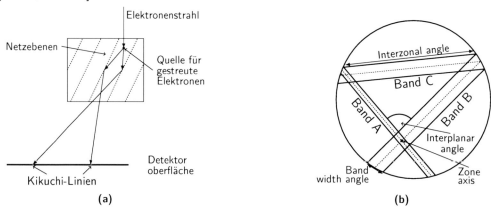

Abbildung 4.1: Schematische Darstellung der Entstehung von Kikuchi-Linien durch Beugung eines Elektronenstrahls an den Netzebenen einer Probe (hier für den Fall der Transmission) und Informationen, die einem Pattern entnommen werden können [Ran03, S. 27]

4.1.2 Kristallprojektionen

Projektionen sind in der Kristallographie von besonderer Bedeutung, da Kristalle dreidimensionale Gebilde sind und man mit ihnen auch in der Ebene arbeiten möchte, wie man es z. B. in Orientierungsdarstellungen als Ergebnis von EBSD-Messungen macht. Voraussetzung zum Arbeiten mit EBSD-Datensätzen sind daher grundlegende Kenntnisse zur Darstellung von Orientierungen, die im Folgenden kurz zusammengefasst werden. Weitergehende Literatur findet man z. B. in [BO09; Kle98; Ran03; RE00].

Millersche Indizes

MILLERsche Indizes dienen in der Kristallographie der eindeutigen Bezeichnung von Ebenen und Richtungen in Kristallsystemen. In einem rechtwinkligen Koordinatensystem kann die Lage eines Gitterpunktes durch seinen Ortsvektor $\mathbf{r} = u\mathbf{a} + v\mathbf{b} + w\mathbf{c}$ angegeben werden [BO09, S. 11]. Die Beträge von $\mathbf{a}, \mathbf{b}, \mathbf{c}$ sind die Gitterkonstanten, so dass nur die Angabe der sog. MILLERschen Indizes u, v, w zur Lagebeschreibung benötigt wird. Die MILLERschen Indizes werden durch ganze Zahlen dargestellt, wobei negative Zahlen durch einen Überstrich gekennzeichnet werden. Eine Richtung kann als Gerade durch zwei Punkte beschrieben werden. Die Richtung bleibt erhalten, wenn man die Gerade so verschiebt, dass einer der beiden Punkte auf den Koordinatenursprung fällt. Dann wird die Richtung vollständig durch die Angabe der MILLERschen Indizes u, v, w des zweiten Punktes charakterisiert [BO09, S. 12-13].

Zur Angabe spezifischer Richtungen wird das Zahlentripel uvw in eckige Klammern [uvw] gesetzt. Man verwendet spitze Klammern <uvw>, wenn die Gesamtheit aller kristallographisch gleichwertigen Richtungen gemeint ist. Kristallographisch gleichwertig sind alle diejenigen Richtungen, die innerhalb der Kristallsymmetrie vergleichbar sind. So sind z. B. in einem kubischen Kristall alle Raumdiagonalen gleichwertig [MT00, S. 23]. Die Indizierung einer Ebene erfolgt, indem man zunächst die Schnittpunkte der Ebene mit den Achsen a, b, c des Koordinatenursprungs ermittelt: $m00$ für die a-Achse, $0n0$ für die b-Achse und $00p$ für die c-Achse. Die

MILLERschen Indizes (hkl) einer Ebene sind dann die kleinsten ganzzahligen Vielfachen der reziproken Achsenabschnitte $\frac{1}{m}, \frac{1}{n}, \frac{1}{p}$ [BO09, S. 14]. Verläuft eine Ebene parallel zu einer Achse, wird diese Achse mit 0 indiziert. Negative Zahlen werden durch einen Überstrich dargestellt. Das Zahlentripel hkl wird in runde Klammern (hkl) gesetzt, falls es sich um eine spezifische Ebene handelt, und in geschweifte Klammern {hkl}, falls die Gesamtheit aller kristallographisch gleichwertigen Ebenen mit denselben Indizes gemeint ist [MT00, S. 20].

Einige Beispiele für die Darstellung von Ebenen im Kristallgitter mittels der MILLERschen Indizes sind in Abbildung 4.2 gezeigt.

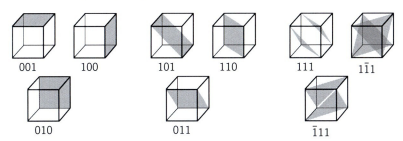

Abbildung 4.2: Beispiele für die Darstellung von Ebenen im Kristallgitter mittels der MILLERschen Indizes [Sch04]

Polfigur und inverse Polfigur

Häufig werden EBSD-Messungen basierend auf der inversen Polfigur (IPF) dargestellt. Zur Beschreibung der IPF wird zunächst die Entstehung einer Polfigur erläutert. Diese basiert auf der stereografischen Projektion, Abbildung 4.3a.

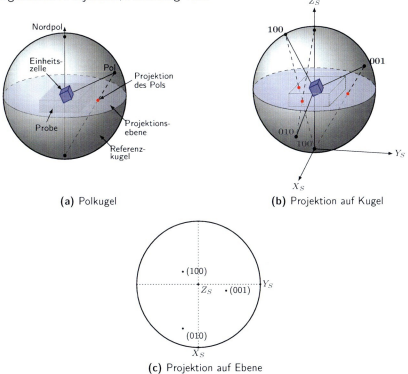

(a) Polkugel **(b)** Projektion auf Kugel

(c) Projektion auf Ebene

Abbildung 4.3: Grundlagen Kristallprojektion [Ran03, S. 79]

Ausgangspunkt der Projektion stellt die Projektionskugel dar, in dessen Zentrum man sich einen Kristall denkt. Die Kristallflächen sollen auf die Äquatorebene der Kugel projiziert werden. Der Durchstoßpunkt der Flächennormalen mit der Kugeloberfläche wird hierzu jeweils mit dem entgegengesetzten Pol der Kugel verbunden. In dem gezeigten Beispiel befindet sich der Durchstoßpunkt der Flächennormalen mit der Kugeloberfläche, sog. Flächenpol, auf der Nordhalbkugel und wird daher mit dem Südpol der Kugel verbunden. Der Durchstoßpunkt dieser Verbindungslinie in der Äquatorebene stellt die Projektion der Kristallrichtung dar.

Für die Konstruktion einer Polfigur werden die Achsen der Projektionskugel mit denen des Probenkoordinatensystems (X_s, Y_s und Z_s) ersetzt, Abbildung 4.3b. Meist zeigt die Normale zur Probenoberfläche Richtung Nordpol der Kugel und die X- und Y-Achsen liegen in der Ebene der Probenoberfläche und bilden die Äquatorebene der Projektionskugel. Die Polfigur stellt dann den Blick auf die Äquatorebene dar. Abbildung 4.3c zeigt das Beispiel einer Polfigur der $\{100\}$ Ebenen der Einheitszelle aus Abbildung 4.3b.

Die Konstruktion einer inversen Polfigur beruht auf den gleichen Prinzipien. In diesem Fall werden jedoch die Probenrichtungen relativ zum Kristallkoordinatensystem dargestellt, während bei der Polfigur die kristallographischen Richtungen relativ zum Probenkoordinatensystem abgebildet werden. Abbildung 4.4a zeigt eine vollständige IPF, in der die Achsen X_s, Y_s und Z_s der Probe relativ zu den Kristallachsen zu sehen sind. Aufgrund von Kristallsymmetrien ist es nicht nötig, die ganze Ebene darzustellen. Zur Dokumentation des gesamten Datensatzes muss nur die kleinste Einheit mit vollem Informationsgehalt dargestellt werden. In Abbildung 4.4b ist dies anhand der Z_s-Achse zu sehen, da hier die ursprüngliche Position von Z_s ins Standarddreieck übertragen wurde.

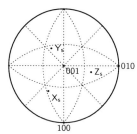 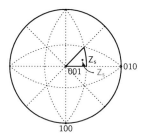

(a) Vollständige Inverse Polfigur

(b) Übertragung von Z_s ins Standarddreieck

Abbildung 4.4: Inverse Polfigur [Ran03, S. 84]

Eulerwinkel

Eine weitere Möglichkeit, Orientierungen darzustellen, bieten die Eulerwinkel. Drei unterschiedliche Variablen werden hierfür benötigt. Stellt man sich zwei Koordinatensysteme vor, wovon eines fest und eines variabel ist, dann können drei separate Winkeloperationen, wenn in der richtigen Reihenfolge durchgeführt, das variable System in das feste überführen. Wenn das feste Koordinatensystem durch die Kristallachsen und das variable durch die Probenachsen bestimmt wird, dann definieren die drei Eulerwinkel die Orientierung. Die bekannteste Definition der Eulerwinkel ist die von Bunge [Ran03, S.82]. Die drei Eulerwinkel werden mit φ_1, Φ und φ_2 bezeichnet und die drei Rotationen, die eine Orientierung festlegen, sind dann:

1. Rotation von φ_1 um Z_s, Abbildung 4.5a
2. Rotation von Φ um X_s in der neuen Position, Abbildung 4.5b
3. Rotation von φ_2 um Z_s in der neuen Position, Abbildung 4.5c

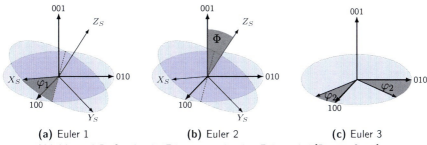

(a) Euler 1   (b) Euler 2   (c) Euler 3

Abbildung 4.5: Graphische Erläuterung der drei Eulerwinkel [Ran03, S. 86]

4.1.3 Korngrenzen

Da anhand der Eigenschaften und Veränderungen von Kornstrukturen u. a. Mechanismen wie Erholung und Rekristallisation erkannt und bewertet werden können, sind Korngrenzen wesentliche Bestandteile der Auswertung von EBSD-Messungen. Dabei wird vom Nutzer definiert, welche Orientierungsunterschiede zwischen einzelnen Bereichen als Korngrenze verstanden und dargestellt werden sollen. Diese Definition orientiert sich dabei an den in der Literatur angegeben Werten sowie an den Eigenschaften des untersuchten Materials.

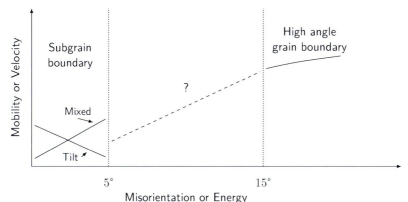

Abbildung 4.6: Korngrenzenbeweglichkeit als Funktion des Orientierungsunterschiedes in ° (schematisch) nach [RJS05]. Für den Bereich $5° < \theta < 15°$ gibt es in der Literatur praktisch keine Angaben [RJS05].

Eine Korngrenze stellt definitionsgemäß einen zweidimensionalen Gitterfehler dar. Korngrenzen trennen dabei Bereiche gleicher Kristallstruktur aber unterschiedlicher Orientierung. Weiterhin wird unterschieden zwischen Kleinwinkel- und Großwinkelkorngrenzen. Bei nur kleinen Orientierungsunterschieden (Kleinwinkel- oder Subkorngrenze) ist eine Korngrenze aus einer regelmäßigen Anordnung einzelner Versetzungen aufgebaut. Bei größeren Kippwinkeln reichen einzelne Versetzungen nicht mehr aus und es wird von einer Großwinkelkorngrenze (abgekürzt nur Korngrenze) gesprochen. Welcher Orientierungsunterschied nun den Übergang zwischen Groß- und Kleinwinkelkorngrenze markiert, ist in der Literatur nicht eindeutig definiert. So wird in [HW06, S. 74] ein Unterschied von $5°$ angegeben, und in [Got07, S. 89] $15°$. In [Kle98, S. 194] wird der Übergang von Kleinwinkel- zu Großwinkelkorngrenze mit $4°$ festgelegt.

Die Ausführungen in [RJS05] geben einen Hinweis darauf, was der Grund für diese unterschiedlichen Angaben sein könnte. Es wird dargestellt, dass es keine zufriedenstellenden Theorien zur Beschreibung von Korngrenzen gibt. Ein wesentlicher Unterschied zwischen Kleinwinkel- und Großwinkelkorngrenzen besteht in ihrer Beweglichkeit. Die Beweglichkeit von Kleinwinkelkorngrenzen ist deutlich geringer als die von Großwinkelkorngrenzen. Der Übergang ist jedoch nicht genau definiert, denn während es Veröffentlichungen und Untersuchungen zur Charakterisierung von Grenzen mit Missorientierungen $<5°$ sowie $>15°$ gibt, ist der Bereich dazwischen nur wenig untersucht.

Zusätzlich zur Grundlagenliteratur der Werkstoffkunde wurden Veröffentlichungen, die sich spezifisch mit der Untersuchung von Lötverbindungen beschäftigen, hinsichtlich der Unterscheidung von Korn- und Subkorngrenzen ausgewertet. In vielen Veröffentlichungen werden keine Angaben zu den Definitionen der beschriebenen Korn- und Subkorngrenzen gemacht, wie in [Tel03; BJL+08; LXBC10; VWC+10; HW04]. Korngrenzen mit Missorientierungen von $>15°$ werden als Großwinkelkorngrenzen oder „allgemeine" Korngrenzen aufgefasst [TBCS02; TBC06; BZB+11; SNL08; TTNT04; LEJ+04; MMPKW10]. Missorientierungen $<15°$ werden in der Regel als Subkorngrenzen oder Kleinwinkelkorngrenzen bezeichnet. In einigen Publikationen erfolgt nur die Angabe $<15°$ [TBCS02; MMPKW10], in anderen werden einzelne Werte von z. B. $10°$ genannt [TBZP07; Tel05; SKSL09] und in manchen werden Bereiche von $5°$-$15°$ angegeben [LEJ+04; SNL08]. Die in [VWC+10] und [VPDA09] vorgestellten Untersuchungen basieren auf der Definition, dass Korngrenzen durch Missorientierungen $>5°$ gebildet werden [V13] Die explizite Betrachtung von Missorienierungen $<5°$ wird lediglich in einem einzelnen Beispiel in [TTNT04] durchgeführt.

Obwohl in den meisten bisherigen Untersuchungen Missorientierungen im Bereich $5°$-$15°$ als Kleinwinkelkorngrenzen behandelten, wird in dieser Arbeit eine davon abweichende Defintion getroffen:

- Als Subkorngrenzen werden alle Grenzen, die Missorientierungen zwischen $2°$ und $5°$ kennzeichnen, bezeichnet.
- Korngrenzen kennzeichnen Bereiche mit Missorientierungen $>5°$.

Eine Einschränkung auf Missorientierungen $>5°$ machte bei den Untersuchungen keinen Sinn, denn bereits die Beobachtung der Entwicklung von Subkorngrenzen im Bereich $2°$-$5°$ ist für das im Abschnitt 6.4 vorgestellte Modell zur Beschreibung der Schadensmechanismen von Bedeutung. Die Festlegung für die allgemeinen Korngrenzen war dagegen eher geprägt von Überlegungen zur statistischen Modellbildung. Wie im Abschnitt 6.4 gezeigt wird, verursachen thermomechanische Wechsellasten in den Lötverbindungen die Bildung von Korngrenzen mit variierenden Missorientierungen. Einzelne Körner sind dabei umgeben von Grenzen mit unterschiedlichen Missorientierungen. In der Statistik über die Größe der Körner würden viele dieser Grenzen nicht berücksichtigt, wenn allgemeine Korngrenzen erst ab einem Bereich $>15°$ definiert werden. Für die statistische Modellbildung sollten jedoch auch kleine Änderungen statistisch erfassbar sein. Dies wird durch die hier vorgenommene Definition von Korn- und Subkorngrenzen mit großer Wahrscheinlichkeit besser gelingen. Inwieweit die Definition des Übergangs von Kleinwinkel- zu Großwinkelkorngrenze das werkstoffphysikalische Schadensmodell beeinflusst, wird im Abschnitt 6.4 diskutiert.

4.2 Durchführung und Auswertung der EBSD-Messungen

Die einzelnen Arbeitspakete, die für eine EBSD-Messung berücksichtigt werden müssen, sind übersichtlich in Abbildung 4.7 zusammengefasst und werden im Detail in den folgenden Abschnitten erläutert. Als erstes werden im Abschnitt 4.2.1 die Möglichkeiten der Auswertung beschrieben, da in diesem Abschnitt auch einige Definitionen vorgenommen werden, die für das Verständnis der Vorgehensweise bei einer EBSD-Messung (Abschnitt 4.2.2) und der Probenpräparation (Abschnitt 4.2.3) notwendig sind.

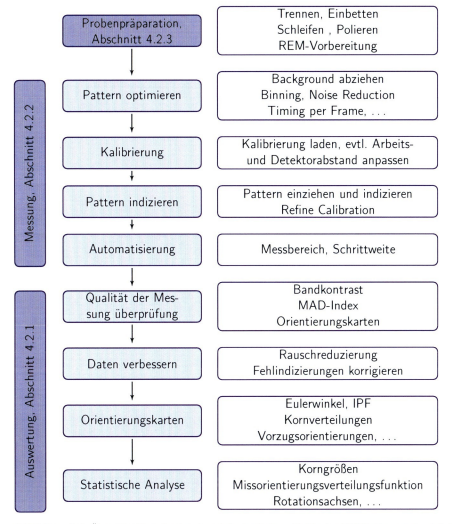

Abbildung 4.7: Übersicht über die einzelnen Arbeitsschritte, die für eine EBSD-Messung berücksichtigt werden müssen.

4.2.1 Auswertung von EBSD-Messungen

Es existieren eine Vielzahl von Methoden und Software-Tools zur Auswertung von EBSD-Messungen. Um einen Überblick über die Eigenschaften einer kompletten Schliffebene erhalten zu können, wurden für diese Arbeit überwiegend Flächenmessungen durchgeführt, so dass im Folgenden besonders auf die Möglichkeiten der Auswertung von Flächenmessungen eingegangen wird. Der Begriff *Flächenmessung* beinhaltet dabei die Beschreibung der Arbeitsweise bei der EBSD-Messung: eine vom Nutzer definierte Fläche wird komplett mit einer vorgegebenen Schrittweite abgerastert und in einem Projekt gespeichert. Hiermit können anschließend detaillierte Auswertekarten (auch Mappings genannt) erstellt werden, die wiederum mit unterschiedlichen Verfahren analysiert und ausgewertet werden können.

Wie in Abbildung 4.7 zu sehen, beginnt die Auswertung zunächst mit der Bewertung der Qualität der Messungen. Hierzu werden Band Contrast und Indizierungsqualität (Pattern Misfit Index, Orientierungskarten) betrachtet. Als Indizierung wird der Vorgang bezeichnet, bei dem das gemessene Pattern mit denen in einer Datenbank hinterlegten Pattern verglichen wird und darüber die Zuweisung der kristallographischen Eigenschaften des Messpunktes erfolgt. Anschließend werden die Messdaten durch Rauschreduktion und Datenkorrektur optimiert. Die verbesserten Datensätze können dann z. B. in Orientierungskarten manuell bewertet oder durch statistische Analysen, wie z. B. Korngrößenverteilungen, quantitativ ausgewertet werden. Im Folgenden werden die in dieser Arbeit eingesetzten Auswertemodi der Software Channel 5 von HKL genannt [HKL10], erklärt und an einem Beispiel erläutert.

Bei dem Beispiel handelt es sich um die Ergebnisse einer EBSD-Messung an der SnAg3,0Cu0,5-Lötverbindung des Chipwiderstandes aus Abbildung 4.8. In Abbildung 4.8b ist das Mapping dieser Lötverbindung in der sog. IPF-Darstellung gezeigt. In diesem Mapping erscheint die Oberfläche der Verbindung stufig. Der tatsächliche Verlauf des Meniskus ist durch die gestrichelte Linie angedeutet. Für jede Verbindung wurden mehrere rechteckige Flächen definiert, die abgerastert und zusammengefügt wurden. Stufen in der Oberfläche ergaben sich, wenn Randbereiche nicht vollständig vermessen wurden.

(a) Lichtmikroskopische Aufnahme   (b) EBSD-Mapping

Abbildung 4.8: SAC305-Lötverbindung eines 1206-Chipwiderstandes nach 1000 Stunden Temperaturschock $-40/125\,^\circ\mathrm{C}$

Band Contrast

Die Grauwertdarstellung des Band Contrast (deutsch: Bandkontrast) ist ein Maß für die Qualität eines Patterns, die von der Präparation und den gewählten Messeinstellungen abhängt. In der Regel haben deformierte Oberflächen und Korngrenzen einen niedrigen Band Contrast. Ein Beispiel für ein Mapping des Band Contrast ist in Abbildung 4.9a zu sehen. Die dazugehörige Legende befindet sich in Abbildung 4.9d.

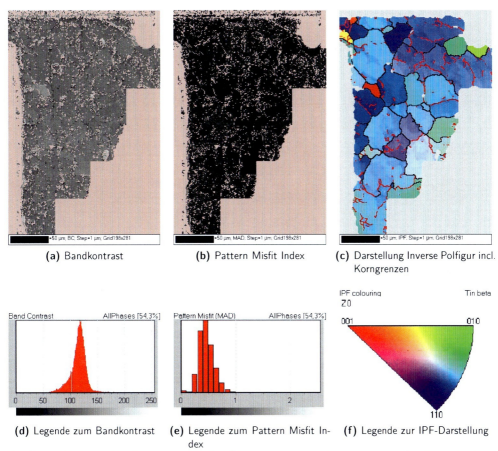

(a) Bandkontrast

(b) Pattern Misfit Index

(c) Darstellung Inverse Polfigur incl. Korngrenzen

(d) Legende zum Bandkontrast

(e) Legende zum Pattern Misfit Index

(f) Legende zur IPF-Darstellung

Abbildung 4.9: Beispiel für Auswertekarten, 1206-Widerstand nach 1000 Temperaturschockzyklen $-40/125\,°C$

Pattern Misfit Index

Zur Indizierung eines gemessenen EBSD-Patterns wird dieses mit theoretischen Pattern, die in einer Datenbank hinterlegt sind, verglichen (sog. Match Units). Wie gut ein Pattern aus der Datenbank zu dem gemessenen Pattern passt, wird durch den Pattern Misfit Index (auch Mean Angular Deviation, kurz: MAD-Index) durch die Software angegeben. Eine reale Probe wird nie dem idealen Kristall entsprechen und dadurch werden gemessene Pattern immer eine gewisse Abweichung zum idealen Pattern aufweisen. Je kleiner der Pattern Misfit, desto besser entspricht das gemessene Pattern dem aus der Datenbank und desto vertrauenswürdiger ist das Messergebnis. Deshalb ist ein MAD-Index $<0,5$ für die Indizierungen anzustreben. Die Darstellung des MAD-Index für den Widerstand aus Abbildung 4.8 und die dazugehörige Legende sind in den Abbildungen 4.9b und 4.9e zu sehen.

Orientierungskarten

In Orientierungskarten (auch Orientation Maps) können abweichende Kornorientierungen farblich unterschiedlich dargestellt werden. Die Darstellung von Orientierungen erfolgt sehr häufig basierend auf der Inversen Polfigur sowie auf den Eulerwinkeln, die in Abschnitt 4.1.1 erläutert wurden. Beispiele sind in den Abbildungen 4.10c sowie 4.9c gezeigt. In der Auswertung von

EBSD-Messungen ist es sinnvoll, sich beide Varianten anzusehen, da die farbliche Darstellung von Orientierungen allein schnell zu Fehlinterpretationen führen kann. So werden in der IPF-Darstellung kristallographisch gleichwertige Richtungen mit gleicher Farbe gekennzeichnet. Dies bedeutet, dass einzelne Körner sich unter Umständen farblich zwar ähneln, in der tatsächlichen Orientierung jedoch deutlich voneinander abweichen. Werden mehrere Möglichkeiten zur Darstellung der Orientierung genutzt, fallen solche Unterschiede in der Regel auf und können die weitere Auswertung vereinfachen.

Korngrenzen

Die Korngrenzen nach den Definitionen, die im Abschnitt 4.1.3 festgelegt wurden, sind in den Orientierungskarten in den Abbildungen 4.9c und 4.10 dargestellt. Großwinkelkorngrenzen (Missorientierungen $>5°$) werden mit schwarzen Linien gezeigt, Kleinwinkelkorngrenzen (Missorientierungen zwischen $2°$ und $5°$) mit roten Linien.

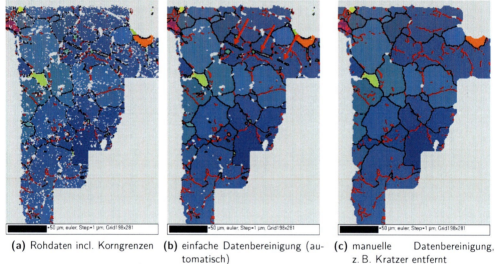

(a) Rohdaten incl. Korngrenzen (b) einfache Datenbereinigung (automatisch) (c) manuelle Datenbereinigung, z. B. Kratzer entfernt

Abbildung 4.10: Beispiel für Orientierungskarten in Eulerwinkeldarstellung. Der Ablauf der Datenbereinigung wird im Detail auf Seite 35 beschrieben.

Körner: Größe und Form, mittlere Missorientierung

Auch die Größe der einzelnen Körner innerhalb einer Verbindung ist ein charakteristisches Merkmal, das zur Beschreibung der Eigenschaften und Veränderungen innerhalb der Verbindungen herangezogen werden kann. Die Größe der Körner wurde mit der HKL-Software automatisiert bestimmt und in μm^2 angegeben. Die kritische Missorientierung zur Unterscheidung der Körner wurde, wie in den Erläuterungen zum Thema Korngrenzen beschrieben, auf $5°$ festgelegt. Die so automatisiert bestimmten absoluten Werte für Korngrößen können darüber hinaus auch relativ zum gesamten ausgewerteten Messbereich angegeben werden. Hierfür wurde zunächst für jede Lötverbindung bestimmt, wie groß der in der EBSD-Messung berücksichtige Messbereich insgesamt war. Diese Messgröße wird als Bezugsgröße herangezogen. Die prozentuale Angabe bezogen auf den Gesamtmessbereich wurde dann manuell berechnet.

Missorientierungsverteilungsfunktion

Die Verteilung der Missorientierungen innerhalb eines Messbereiches kann mit Hilfe der Missorientierungsverteilungsfunktion ausgewertet werden und wird von der HKL-Software automatisiert ausgegeben. In der Diagrammdarstellung werden auf der x-Achse die Missorientierungen in ° aufgetragen und auf der y-Achse die relative Häufigkeit dieser Missorientierungen innerhalb eines gewählten Messbereiches, siehe Abbildung 4.11. Gezeigt sind die sog. *correlated misorientations*, die sich aus der Missorientierung zwischen benachbarten Pixeln innerhalb des Messbereiches ergeben. *Uncorrelated misorientations* sind die Missorientierungen zwischen zufällig gewählten Punkten im Datensatz. In den Kapiteln 6 und 7 werden jeweils die *correlated misorientations* ausgewertet.

Missorientierungsverteilungsfunktion

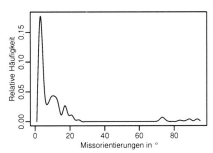

Abbildung 4.11: Missorientierungsverteilungsfunktion über die gesamte Lötverbindung aus dem in diesem Kapitel verwendeten Beispiel.

Textur-Analyse

In der Textur-Analyse hat man die Möglichkeit, eine Orientierung vorzugeben und sich farblich in einer Orientierungskarte darstellen zu lassen, wie weit die gemessenen Orientierungen von dieser Vorgabe abweichen. Bei Proben im Ausgangszustand wurde dieses Verfahren genutzt, um die Hauptorientierung (jeweils bezogen auf die drei Achsen x, y, z) und die Schwankungsbreite dieser Orientierung innerhalb der Verbindung zu ermitteln. So kann man z. B. bei einer Verbindung mit deutlicher Vorzugsorientierung die Aussage treffen, dass die Hauptorientierung in x-Richtung, ausgedrückt in Millerschen Indizes, mit einer Abweichung von $5°$ parallel zur $\langle 231 \rangle$ Achse liegt. Dieses Vorgehen wird in der Software als Fibre Texture Analyse bezeichnet.

Weiterhin wurde diese Analyse dazu verwendet, die Orientierungsgradienten innerhalb von Lötverbindungen und einzelnen Körnern sichtbar zu machen, siehe Beispiel in Abbildung 4.12.

Rauschreduzierung und Datenkorrektur

In einer automatischen Messung werden nicht alle Messpunkte indiziert und es können auch Fehlindizierungen auftreten. Dies kann verschiedene Ursachen haben, wie zum Beispiel:

- Abschattungseffekt durch Topographie in der Oberfläche der Probe; bei Lötverbindungen z. B. durch die intermetallischen Phasen oder durch keramische Bauelemente
- Präparationsartefakte, Verschmutzungen,
- Indizierungen mit schlechtem Pattern Misfit Index.

Die Rohdaten einer Messung können zur besseren Auswertung und Dateninterpretation daher zunächst durch eine Rauschreduzierung und Datenkorrektur verbessert werden. Am Beispiel der

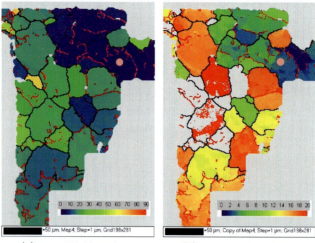

(a) max. 90° Abweichung   (b) max. 20° Abweichung

Abbildung 4.12: Textur-Analyse: Darstellung der Orientierungsabweichung von einem selbst gewählten Punkt im Messbereich – der hier gewählte Referenzpunkt ist als Punkt markiert

Abbildungen 4.10a, 4.10b und 4.10c (Seite 34) werden die für alle Messungen durchgeführten Schritte dargestellt.

- Abbildung 4.10a zeigt eine Orientierungskarte in Eulerwinkeldarstellung. Hierbei handelt es sich um Rohdaten ohne Datennachbearbeitung.

- Abbildung 4.10b zeigt die gleiche Orientierungskarte nach einfacher Datenkorrektur: Entfernen von *Wild Spikes* (einzelne Pixel, bei denen alle acht Nachbarpixel abweichen) und anschließender Korrektur von Nulllösungen. Nulllösungen stellen Pixel dar, die nicht indiziert wurden. Bei der Rauschreduzierung werden diesen Pixeln Daten zugewiesen, die den Nachbarpixeln entsprechen. Das Level der Datenbereinigung kann zwischen 1 und 8 eingestellt werden. Bei 8 erreicht man nur eine geringe Rauschreduktion, weil ein Pixel nur dann extrapoliert wird, wenn alle 8 Nachbarn die gleiche Orientierung haben. Beim Level 3 müssten nur drei Nachbarn die gleiche Orientierung haben und diese würde für die Nulllösung übernommen werden. In dem hier gezeigten Beispiel erfolgte eine Extrapolation auf mittlerem Level 4.

- Eine weitere Datennachbearbeitung kann erforderlich sein, je nach Qualität der Messung. In Abbildung 4.10b sind eindeutig Bereiche zu erkennnen, die auf Präparationsfehler (Kratzer, mit roten Pfeilen markiert) zurückzuführen sind und nun als einzelne Körner von der Software interpretiert werden. In Abbildung 4.10c ist die gleiche Karte nach manueller Korrektur dieser Bereiche zu sehen. In der manuellen Korrektur wurden offensichtliche Präparationsartefakte durch Nulllösungen ersetzt, die dann in der automatischen Rauschkorrektur teilweise wieder mit Orientierungsdaten belegt wurden.

4.2.2 Patternqualität und Indizierung optimieren

Die Software zur Ansteuerung der EBSD-Messungen bietet eine Vielzahl von Parametern an, die variiert werden können, um eine gute Signalausbeute zu erhalten. Analog zur Abbildung 4.7

können folgende wichtige Schritte zur Optimierung der Pattern und der automatischen Messung genannt werden:

Pattern optimieren

- Background abziehen: Ein Pattern besteht aus einer Reihe von relativ schwachen Kikuchi Bändern und einem starken, nichtlinearen Hintergrund. Wenn dieser Hintergrund abgezogen wird, dann wird der Kontrast erhöht und man erhält sehr viel deutlichere Pattern. Es existieren verschiedene Möglichkeiten, den Hintergrund zu bestimmen. Am einfachsten ist es, wenn man den Elektronenstrahl defokussiert und relativ schnell scannt und dann mittels der Software den Hintergrund aufnimmt.

- Die Ausleuchtung der Pattern kann über „time per frame" (Dauer einer einzelnen Bildaufnahme), „gain" (Verstärkung) und „binning" eingestellt werden.

- binning: Jeweils mehrere Bildpunkte können zu einem zusammengefasst werden. Darüber wird nicht nur die Ausleuchtung des Patterns beeinflusst, sondern auch dessen Auflösung und die Messgeschwindigkeit.

- noise reduction: Durch die Integration mehrerer Bilder wird eine Rauschreduzierung des Patterns erreicht.

Kalibrierung:

- Die Indizierung der Pattern wird vom Arbeitsabstand der Probe im REM und dem Abstand von Probe zum Detektor beeinflusst. Daher muss eine Kalibrierung des Systems vor den Messungen durchgeführt werden. Die Kalibrierdaten unterschiedlicher Kombinationen aus Arbeitsabstand und Detektorabstand können in Dateien abgelegt werden. Wichtig ist, dass der Arbeitsabstand entsprechend den vorhandenen Kalibrierdaten eingestellt wird und in der EBSD-Software die zugehörige Kalibrierdatei geladen wird.

Pattern indizieren

- Refine Calibration: Da Arbeits- und Detektorabstand bei jeder Messung ein wenig variieren, kann die Indizierung, die auf der ausgewählten Kalibrierdatei beruht, verbessert werden, indem die Kalibrierdaten für jede Messung etwas angepasst werden. Dies kann über ein Calibration Refinement erfolgen. Die Kalibrierdaten werden für einen im Zentrum des Messbereiches ausgewählten Messpunkt so angepasst, dass ein besserer MAD-Index erreicht wird.

- Gesamte Probe überprüfen: Vor Beginn einer Messung sollte man sich im gesamten Messbereich einen Überblick verschaffen, ob überall Patterns zu sehen sind (d. h. ob die Präparation gleichmäßig über die gesamte Probe gut war) und ob die Indizierung stimmt. Dazu werden im gesamten Messbereich einzelne Punkte angewählt, indiziert und die Indizierung vom Nutzer bewertet.

Automatisierung

- stepsize: Die Stepsize definiert den Abstand der einzelnen Messpunkte in einem Mapping. Eine größere Stepsize beschleunigt die Messung. Ist sie jedoch zu groß gewählt, kann es zu Fehlindizierungen kommen.

- number of reflectors: Als Reflektoren werden die einzelnen Linien innerhalb eines Kikuchi-Patterns bezeichnet, denen jeweils unterschiedliche Kristallebenen zugeordnet werden können. Die gemessenen Reflektoren werden mit den Reflektoren der in der Datenbank hinterlegten Pattern verglichen und auf dieser Basis erfolgt die automatische Indizierung der gemessenen Pattern. Die Anzahl der Reflektoren, die verglichen werden sollen, kann separat festgelegt werden und bestimmt die Güte der Indizierung sowie die Messdauer. In der Abbildung 4.13 ist ein Beispiel für ein indiziertes Sn-Pattern gezeigt.

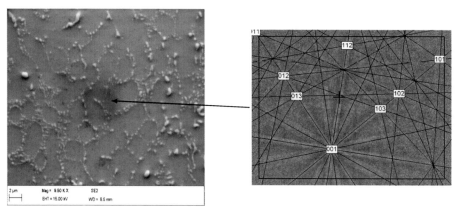

Abbildung 4.13: Mikrostruktur im REM und indiziertes Pattern

Im folgenden wird am Beispiel der Rauschreduzierung der Pattern gezeigt, dass bereits die Änderung eines Parameters die Ergebnisse einer EBSD-Messung deutlich beeinflusst. Wie in allen Fällen von Messdaten tritt auch bei der Aufnahme von EBSD-Pattern Rauschen auf, das durch Integration über mehrere Bilder reduziert werden kann. Durch eine höhere Anzahl von Integrationen kann man die Qualität eines Patterns deutlich erhöhen. Gleichzeitig wird dadurch die Messdauer für ein Mapping verlängert. Es gilt also, einen Kompromiss zwischen Qualität und Prüfdauer zu finden. Daher wurden als Voruntersuchungen der Band Contrast und die Prüfdauer als Funktion der Anzahl der integrierten Frames bei sonst gleichen Einstellungen ausgewertet. Die Kornstruktur der untersuchten Lötverbindung ist in Abbildung 4.14 zu sehen.

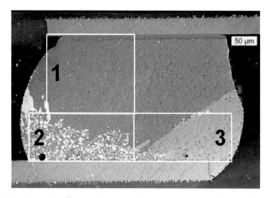

Abbildung 4.14: Lichtmikroskopische Darstellung der Messbereiche, auf die sich in Tabelle 4.1 bezogen wird

Dabei wurden drei Bereiche mit unterschiedlichen Testparametern analysiert. Für das Mapping des Bereiches 1 wurden 5 Bilder für die Rauschreduzierung verwendet, im Bereich 2 nur 4 und im Bereich 3 wurden 3 Bilder aufgenommen. Die Zusammenfassung der Ergebnisse ist in Tabelle 4.1 ersichtlich. Sowohl der mittlere Band Contrast als auch die Testzeit (hier angegeben in s/pt) korrelierten eindeutig mit der Anzahl der für Rauschreduzierung integrierten Bilder.

Tabelle 4.1: Untersuchung des Zusammenhangs zwischen Rauschreduzierung der Kikuchi-Pattern (Anzahl frames pro Aufnahme), Messzeit und Band Contrast

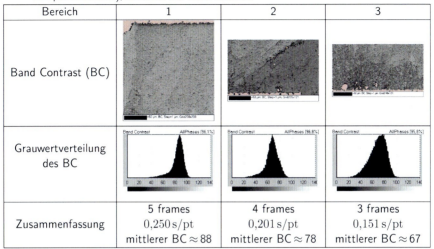

Bereich	1	2	3
Band Contrast (BC)			
Grauwertverteilung des BC			
Zusammenfassung	5 frames $0{,}250\,s/pt$ mittlerer BC ≈ 88	4 frames $0{,}201\,s/pt$ mittlerer BC ≈ 78	3 frames $0{,}151\,s/pt$ mittlerer BC ≈ 67

Für die bis hierhin beschriebenen Parameter sind in Tabelle 4.2 die Einstellungen zusammengefasst, die für die Messungen in dieser Arbeit verwendet wurden.

Tabelle 4.2: Zusammenfassung der EBSD-Messparameter

REM-Einstellungen	Arbeitsabstand	$12{,}5\,mm$ bis $15\,mm$
	Spannung	$15\,kV$
	Vergrößerung	670
Pattern	binning	4x4
	noise reduction	4 frames
	gain	low
	time per frame	$20\,s$
Indizierung	Anzahl Bänder	3-8
	Anzahl Reflektoren	29
Automatisierung	Stepsize	$1\,\mu m$

4.2.3 Probenpräparation

Ablauf und Parameter

Die in der EBSD-Analyse detektierten Rückstreuelektronen stammen aus den obersten Nanometern einer Probenoberfläche. Somit ist eine saubere, verformungsfreie und chemisch nicht veränderte Oberfläche entscheidende Voraussetzung für eine gute Patternqualität. Für die Analyse von Lötverbindungen von SMD-Komponenten auf Leiterplatten müssen die zu untersuchenden Bereiche der Baugruppe herausgetrennt, eingebettet, geschliffen und poliert werden. In wesentlichen Punkten entspricht dies einer Standard-Präparation in der Metallographie und ist für EBSD-Messungen ausreichend. Dennoch muss bei jedem einzelnen Punkt besonders sorgfältig gearbeitet werden. Insbesondere für die Politur stehen eine Vielzahl von Kombinationen aus

Poliertuch, Polier- und Schmiermittel zur Verfügung. Für die Präparation der Lötverbindungen von Chipwiderständen wurde folgende Präparationsfolge als besonders gut geeignet herausgearbeitet, wobei Präparationsmaterialien der Fa. Struers verwendet wurden und somit die genauen Bezeichnungen der Materialien angegeben werden:

- Trennen: Die zu präparierenden Bauelemente müssen aus der Baugruppe getrennt werden, ohne zusätzliche mechanische oder thermische Belastungen aufzubringen. Nach dem Trennen sollten die Proben kurz gereinigt werden (z. B. mit Isopropanol), um Schmutz und übermäßige Flussmittelreste zu entfernen. Insbesondere Flussmittelreste können die Qualität der anschließenden Einbettung deutlich beeinträchtigen.

- Einbetten: Eine Kalteinbettung mit Epoxidharz ist notwendig für die Präparation. Auf Grund des geringen Platzes in der Probenkammer des REM sollten für die EBSD-Messungen jedoch möglichst kleine Einbettformen verwendet werden. Besonders geeignet als Einbettmittel sind Epoxidharze, die eine gute Viskosität besitzen, um Hohlräume zu füllen, sowie eine geringe Wärmeentwicklung während des Aushärtens aufweisen. Daher wurde das SpeziFix20 ausgewählt. Nach dem Eingießen wurden die Proben kurz in einen Vakuumtopf gestellt, um Poren zu verringern und eine bessere Kantenanhaftung des Einbettmaterials an die Probe zu erreichen.

- Schleifen: Das Schleifen erfolgte manuell auf SiC-Schleifpapier der Körnungen 240, 400 und 1000 bis kurz vor die Zielebene.

- Feinschleifen: Anschließend wurde mit $9\,\mu m$ Diamantsuspension auf MD Largo bei $25\,N$ für $10\,min$ feingeschliffen. MD-Largo ist eine Verbundscheibe für einstufiges Feinschleifen von Werkstoffen.

- Polieren: Die Politur erfolgte mit $3\,\mu m$ und $1\,\mu m$ Diamantsuspension sowie OPS (kolloides Siliziumdioxid) als abschließendem Schritt. Die $3\,\mu m$-Politur erfolgte auf MD Dac (Acetattuch) für $5\,min$ bei $20\,N$. Für die $1\,\mu m$-Politur kam das MD Dur-Tuch (Seide) zum Einsatz und es wurde $10\,min$ lang bei $15\,N$ poliert. Sowohl MD Dac als auch MD Dur stellen zwei recht harte Tücher dar, die ein gute Planarität der Schliffoberfläche erzeugen, was besonders bei der Präparation von Materialverbunden unterschiedlicher Härte wichtig ist. Der letzte Schritt stellte dann eine chemisch-mechanische Politur mit OPS auf MD Chem dar. Die Polierzeit betrug hier $30\,s$. Durch eine Mischung von $100\,ml$ OPS zu jeweils $1,5\,ml$ 35%-iger Ammoniaklösung und 35%-iger Wasserstoffperoxidlösung konnte diese Zeit auf $10\,s$ reduziert werden, was zu einer geringeren Reliefbildung im Lotgefüge führte.

- REM-Vorbereitung: Für rasterelektronenmikroskopische Untersuchungen müssen Vorkehrungen zur Ableitung der durch den Elektronenstrahl hervorgerufenen Ladungen getroffen werden. Die Oberflächen der Schliffe wurden daher mit Gold besputtert. Auf Grund der hohen Sensitivität des EBSD-Signals gegenüber der Oberflächenbeschaffenheit kommen hier nur Schichtdicken von unter $2\,nm$ in Frage. Mit Hilfe eines Schwingquarzes wurden die Sputterparameter so gewählt, dass ca. $1\,nm$ Gold auf die Schliffoberfläche abgeschieden wurde. Zusätzliches Abkleben der Probe mit leitfähigem Klebeband sorgte dann für eine ausreichende Ableitung von Ladungen, um Mappings durchführen zu können.

Ionenpolitur

Eine häufig diskutierte Frage ist, ob die Oberflächengüte der Standardpräparationsprozeduren, die als abschließenden Schritt eine chemisch-mechanische Politur mit OPS beinhalten, für EBSD-Messungen ausreichend ist. Zusätzlich zu diesen Schritten kann eine Ionenpolitur erfolgen.

Um den Einfluss des letzten Präparationsschrittes auf die Ergebnisse von EBSD-Messungen zu untersuchen, wurden an einer SnAg3,0Cu0,5-Lötverbindung eines 1206-Chipwiderstandes nach 1900 Temperaturschockzyklen ($-40/125\,°C$) Vergleichsmessungen mit und ohne Ionenpolitur durchgeführt. Die Ergebnisse sind in Abbildung 4.15 dargestellt. Zu sehen sind die Orientierungskarten der beiden Messungen in IPF-Darstellung und zusätzlich Statistiken, die Indizierungsgrad, Bandkontrast sowie MAD-Index miteinander vergleichen. Da aus diesem Vergleich keine wesentliche Verbesserung der Qualität des Flächenmappings durch die zusätzliche Ionenpolitur erreicht wurde, wurde als Schlussfolgerung daraus für die weiteren Messungen auf die Ionenpolitur verzichtet.

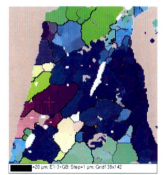

(a) ohne Ionenpolitur, IPF-Darstellung

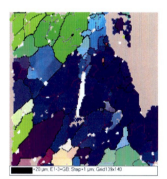

(b) mit Ionenpolitur, IPF-Darstellung

Phase	%	mean BC	mean BS	mean MAD
Zero solutions	32,56	62,13	0	n/a
Ag3 Sn	3,628	74,33	0	0,7646
Tin beta	62,39	105,4	0	0,6153
Cu6 Sn5	1,424	124,6	0	0,6728
Total	100	90,47	n/a	0,6245

Phase	%	mean BC	mean BS	mean MAD
Zero solutions	29,36	62,53	0	n/a
Ag3 Sn	0,91...	83,97	0	0,7591
Tin beta	68,4	99,14	0	0,5977
Cu6 Sn5	1,331	120,4	0	0,7061
Total	100	88,54	n/a	0,6019

(c) Statistik zur Messung ohne Ionenpolitur

(d) Statistik zur Messung mit Ionenpolitur

Abbildung 4.15: Vergleich der Messergebnisse mit und ohne Ionenpolitur

Eine generelle Aussage, dass eine Ionenpolitur für die EBSD-Charakterisierung nicht hilfreich ist, kann aus diesen Ergebnissen jedoch nicht abgeleitet werden. Insbesondere wenn die Analyse nicht direkt nach der Präparation erfolgt, sondern erst nach einer gewissen Zeit der Lagerung, kann die Güte von EBSD-Messungen durch Oxidation an der Schliffoberfläche beeinträchtigt sein. Eine Ionenpolitur würde hier Abhilfe schaffen, ohne dass erneutes mechanisches Polieren nötig wird.

Lage der Schliffebene

Schliffanalysen besitzen den großen Vorteil, dass man sehr viele detaillierte Informationen über die Eigenschaften eines Materials erhält: Phasen, Körner, Grenzflächen, Risse, etc. Nachteilig ist, dass man sich immer nur in einer Ebene der zu untersuchenden Probe befindet und somit keinen Eindruck davon erhält, ob die identifizierten Parameter nur für diese Ebene oder allgemein gültig sind.

Daher wurde an den Lötverbindungen eines ungealterten 1206-Chipwiderstandes die Mikrostruktur in zwei unterschiedlichen Schliffebenen miteinander verglichen, siehe Abbildung 4.16. Bei diesen Abbildungen handelt es sich um die farbliche Darstellung unterschiedlicher Kornorientierungen mit Hilfe der Eulerwinkel. Deutlich sind Unterschiede in der Kornstruktur des Lotmaterials zu erkennen. Für systematische EBSD-Untersuchungen, die z. B. den Vergleich unterschiedlicher Bauelemente und Alterungszustände zum Ziel haben, ist daher zu schlussfolgern, dass die Lage der Schliffebene möglichst bei allen Proben gleich sein und als zusätzliche Information ermittelt werden sollte. Im Rahmen der Untersuchungen in dieser Arbeit wurde immer die Mitte einer Verbindung präpariert und die Schliffebene wurde per Röntgendurchstrahlung kontrolliert.

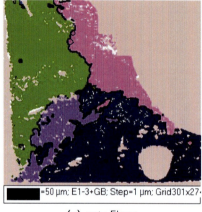

(a) erste Ebene   (b) zweite Ebene

Abbildung 4.16: Vergleich unterschiedlicher Schliffebenen (Orientierungskarten in Eulerwinkeldarstellung)

Präparationsartefakte

Einige der untersuchten Proben wiesen stark dendritische Strukturen mit zwei deutlichen Vorzugsorientierungen auf. Ein Beispiel hierfür ist in Abbildung 4.17 gezeigt.

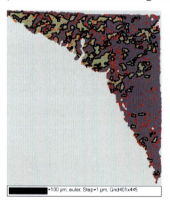

Abbildung 4.17: Beispiel einer Verbindung mit dendritischer Kornstruktur mit bevorzugter Missorientierung von ca. 60° um die [100]-Achse

Zu erkennen ist eine Hauptorientierung mit eingeschlossenen Dendriten, die im Folgenden auch als Minoritätsorientierungen bezeichnet werden. Die Dendriten untereinander sind mit einer

Missorientierung von 60° um die [100]-Achse gekippt. Es gibt viele Kleinwinkelkorngrenzen, die wahllos innerhalb der Lötverbindungen verteilt sind.

Das Auftreten von speziellen Korngrenzen in SAC-Lötverbindungen wurde in diversen Veröffentlichungen beschrieben, z. B. [BJL$^+$08; SB08; Tel05; TBC06; LXBC10]. Insbesondere Erstarrungszwillinge mit Missorientierungen von 57,2° um die {101} Ebenen und 62,8° um die {301} Ebenen wurden beobachtet.

In [Czo16; LXBC10] wird jedoch darauf hingewiesen, dass Zwillingskorngrenzen auch durch Verformung von Zinn auftreten. Bei den eigenen Untersuchungen fiel zudem auf, dass die gleichen speziellen Korngrenzen bei Kratzern im Lot zu finden sind und dass eine erneute Politur die beschriebenen Minoritätsorientierungen meist verschwinden ließ.

Da bei den eigenen Untersuchungen nicht ausgeschlossen werden kann, dass es sich bei den beobachteten speziellen Korngrenzen (ca. 60° um [100]-Achse) um Präparationsartefakte handelt (nicht ausreichend auspolierte Verformungen, die während des Schleifens der Proben eingebracht wurden), wurden Proben mit vielen eingeschlossenen Minoritätsorientierungen für die weiteren Auswertungen nicht weiter in Betracht gezogen.

5 Vorbereitung und Durchführung der Versuche

Ausgangspunkt für die Ableitung werkstoffphysikalischer Schadensmodelle sowie statistischer Auswertemethoden stellen Belastungstests an einer Testbaugruppe dar. Daher werden in Abschnitt 5.1 detailliert die Eigenschaften der untersuchten Proben beschrieben. In Abschnitt 5.2 werden die Abläufe der Belastungstests und in Abschnitt 5.3 die durchgeführten Analysen dargestellt.

5.1 Eigenschaften der untersuchten Proben

Im Rahmen der Arbeit wurden die Lötverbindungen von Chipwiderständen Größe 1206 und 0603 untersucht. Diese waren Bestandteil eines umfangreichen Testboards, welches in Abbildung 5.1 zu sehen ist.

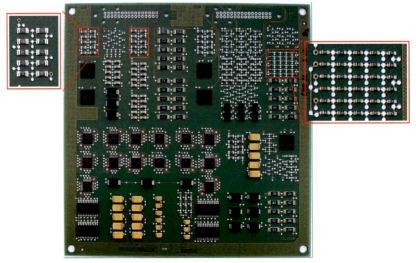

Abbildung 5.1: Testbaugruppe

Weitere Komponenten, die auf dem Testboard vorhanden waren, dienten Untersuchungen, die nicht Bestandteil dieser Arbeit waren. Die detaillierter betrachteten Chipwiderstände sind mit roten Rahmen markiert. Die Kennwerte der eingesetzten Komponenten (Leiterplatte, Bauelemente, Lot) sind in Tabelle 5.1 übersichtlich zusammengefasst.

Die zu untersuchenden Baugruppen wurden in einem zweifachen Reflow-Prozess gefertigt. Der erste Prozess erfolgte in einem Heißluft-Konvektionsofen mit Förderband unter Stickstoff. Das Lötprofil ist in Abbildung 5.2a gezeigt. Da die Lötverbindungen nach diesem Prozess sehr porenhaltig waren, wurden die Proben zur Porenreduktion einem zweiten Prozess unterworfen. Durch eine Dampfphasenlötung mit anschließendem Vakuum wurden die Verbindungen ein zweites Mal umgeschmolzen und der Porenanteil deutlich reduziert. Das Temperatur-Zeit-Profil

Tabelle 5.1: Eigenschaften der Testbaugruppe und untersuchten Bauelemente

	Hersteller	Isola
	Bezeichnung	IS420
Kennwerte des	Kurzbeschreibung	FR4, gefüllt
	E-Modul (bei $23\,°C$)	$23{,}1\,\mathrm{GPa}$ [Wal07]
Leiterplattenmaterials	Glasübergangstemperatur	ca. $165\,°C$ [Iso12]
	Thermischer Ausdehnungskoeffizient in z-Richtung	$45\,\mathrm{ppm\,K^{-1}}$ unterhalb Glasübergangstemperatur [Iso12]
	Anschlussmetallisierung	chemisch Sn
	Legierung	SAC305
Lotmaterial	Hersteller	W.C. Heraeus GmbH
	Herstellerbezeichnung	F 640 SA 30 C 5 - 89 M 30
Bauelemente	Typ und Größe	CR1206, CR0603
	Anschlussmetallisierung	Sn

des zweiten Reflow-Prozesses ist in Abbildung 5.2b zu sehen. Ein Vergleich der Porengehalte vor und nach dem zweiten Reflowprozess ist in Abbildung 5.3 gezeigt.

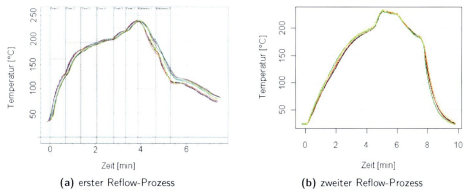

(a) erster Reflow-Prozess   (b) zweiter Reflow-Prozess

Abbildung 5.2: Temperatur-Zeit-Verläufe der beiden unterschiedlichen Lötprozesse der Baugruppe aus Abbildung 5.1

(a) vor dem Vakuumlöten   (b) nach dem Vakuumlöten

Abbildung 5.3: Vergleich des Porengehalts eines 1206-Chipwiderstandes mittels Röntgendurchstrahlung vor und nach dem zweiten Reflow-Prozess

Zur Bewertung des Einflusses des zweiten Prozesses auf die Eigenschaften der Lötverbindungen wurden im Ausgangszustand Proben aus beiden Prozessen analysiert. Der Vergleich der sich ergebenden Mikrostrukturen erfolgt im Abschnitt 6.1.4. Darin wird ersichtlich, dass der zweite Reflow-Prozess keine signifikanten Auswirkungen auf die Mikrostruktur hat, so dass die Belastungstests dann ausschließlich an Proben aus dem zweifachen Reflow-Prozess durchgeführt wurden. Weitere Details zur Begründung dieser Vorgehensweise finden sich im Abschnitt 6.1.4.

5.2 Belastungstests

Die Testbaugruppe wurde fünf unterschiedlichen Belastungsprofilen unterworfen: Temperaturlagerung bei $125\,°C$ und $175\,°C$, langsamer Temperaturwechsel zwischen $-40\,°C$ und $125\,°C$, sowie Temperaturschock zwischen $-40\,°C$ und $125\,°C$ bzw. $150\,°C$.

Die Temperaturlagerungen fanden in Wärmeschränken bei konstanten Umgebungstemperaturen statt. Die Probenentnahme und -analyse erfolgte nach 1000 Stunden. Die Eckdaten der Temperaturwechselprofile sind in Tabelle 5.2 zusammengefasst. Zu jedem Entnahmezeitpunkt wurde eine Leiterplatte entnommen, an der dann die Analysen durchgeführt wurden.

Tabelle 5.2: Temperaturwechseltests; T_u und T_o sind die unteren bzw. oberen Grenztemperaturen

Kurz-bezeichnung	T_u	T_o	Halte-zeiten	Wechsel-zeiten	Proben-entnahme nach
TW125	$-40\,°C$	$125\,°C$	$30\,min$	$1\,h$	1000 Zyklen
TS125	$-40\,°C$	$125\,°C$	$30\,min$	$<10\,s$	500, 1000, 2000 Zyklen
TS150	$-40\,°C$	$150\,°C$	$30\,min$	$<10\,s$	500, 1000, 2000 Zyklen

5.3 Analyse

Für die statistische Auswertung der Belastungstests und damit verbundenen Analyseergebnisse werden Analysemethoden benötigt, die die Ermittlung quantitativ bewertbarer Größen an einer einzelnen Lötverbindung erlauben. Scherkraftmessungen wurden daher nicht in der Auswertung berücksichtigt, da die beiden Verbindungsstellen eines Zweipolers hier nicht getrennt betrachtet werden können. Die Analysen beschränkten sich daher auf die Bewertung von Schliffbildern und den damit verbundenen Möglichkeiten, quantitativ bewertbare Daten zu generieren. Von sämtlichen Proben wurden Schliffe angefertigt, die zunächst lichtmikroskopisch und anschließend rasterelektronenmikroskopisch untersucht wurden. Die lichtmikroskopische Analyse diente der Bewertung der Schliffqualität für die weitergehenden EBSD-Analysen sowie der Beurteilung des Erscheinungsbildes der Lötverbindungen allgemein (z. B. Geometrie). Weiterhin wurden Phasen- und Risswachstum ausgewertet und mit polarisiertem Licht die Kornstruktur der Verbindungen untersucht. In den REM-Untersuchungen wurde die Kornstruktur mittels EBSD detaillierter charakterisiert. In den folgenden Abschnitten 5.3.1 und 5.3.2 wird die Vorgehensweise für die Bewertung von Riss- und Phasenwachstum erläutert. Die Parameter für die EBSD-Messungen wurden bereits im Kapitel 4 beschrieben. Die Auswahl und Generierung der für die Klassifikation benötigten Kenngrößen aus den EBSD-Messungen basiert auf einer Kombination aus werkstoffphysikalischen Erwägungen als auch Anforderungen der eingesetzten Mustererkennungs-Methodik. Eine detaillierte Beschreibung der weiteren Verarbeitung der EBSD-Daten erfolgt daher im entsprechenden Kapitel 7, in dem die Vorgehensweise zur Klassifikation der Daten beschrieben wird.

5.3.1 Rissbewertung

Die Auswertung von Rissverläufen und Risslängen orientierte sich an der in [VPDA09, S. 49] beschriebenen Vorgehensweise. Zunächst wurden die Rissorte nach Lage kategorisiert, wie in Abbildung 5.4a gezeigt. Dabei wurde in folgende Kategorien unterschieden:

- **SO** Riss im Lotspalt (Stand-Off)
- **1** Riss entlang der Grenzfläche zum Bauelement
- **2** Riss im Lot quer durch Meniskus
- **3** Riss entlang der Grenzfläche zum Pad

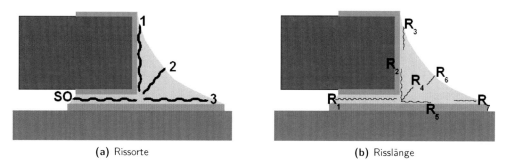

(a) Rissorte   (b) Risslänge

Abbildung 5.4: Kategorisierung der Lage der Risse und Prinzipdarstellung der Bestimmung der Risslängen, nach [VPDA09, S. 49]

Wenn Risse in den Bereichen 1, 2 oder 3 auftraten, waren grundsätzlich auch Risse im Lotspalt zu finden. Der Lotspalt war dabei jedoch nicht immer vollständig gerissen.

Die sich durch die Temperaturwechseltests ergebenden Risslängen wurden sowohl absolut als auch relativ bestimmt. Absolutwerte in µm wurden basierend auf dem in Abbildung 5.4b gezeigten Schema ausgemessen. Relativwerte wurden dann bezogen auf die Geometrie berechnet, wobei beim Auftreten mehrerer Rissorte der längste Riss als weitere Bezugsgröße herangezogen wurde. Ist eine Lötverbindung also z. B. im Lotspalt und entlang der Grenzfläche zum Bauelement gerissen, so berechnet sich die prozentuale Risslänge zu

$$\text{Risslänge} = \frac{SO + R_2}{L_1 + H_2} \tag{5.1}$$

und analog für die anderen Risspositionen.

Die Auswertung der Geometrie des Meniskus der Lötverbindungen erfolgte anhand der in Abbildung 5.5 dargestellten Größen.

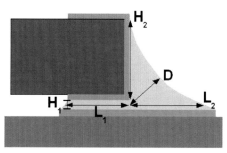

Abbildung 5.5: Parameter zur Bestimmung der Geometrie des Meniskus der Lötverbindungen, nach [VPDA09, S. 49]

5.3.2 Phasenwachstum

Die in den Lötverbindungen auftretenden intermetallischen Phasen wachsen auf Grund thermischer Einflüsse sowohl bei Temperaturlagerung als auch bei Temperaturwechsel. Ausgewertet wurde die Dicke der intermetallischen Phase an der Grenzfläche zwischen Lot und Anschlusspad der Leiterplatte. Da die Form dieser Übergangszone unregelmäßig erscheinen kann, wurde ein mittlerer Wert bestimmt, indem die Fläche über eine bestimmte Länge ermittelt wurde und die mittlere Dicke sich dann als Quotient aus Fläche und Länge ergab. Dies ist anschaulich in Abbildung 5.6 dargestellt. Während in der Einzelmessung eine Dicke von z. B. $6\,\mu\mathrm{m}$ gemessen wurde, wurde die mittlere Dicke zu $71/30 = 2{,}4\,\mu\mathrm{m}$ ermittelt.

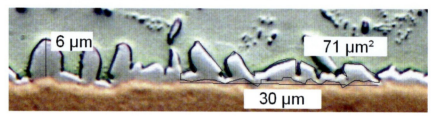

Abbildung 5.6: Bestimmung der mittleren Dicke der intermetallischen Phase an der Grenzfläche zwischen Lot und Leiterplattenpad.

Da das Phasenwachstum in diversen Arbeiten bereis detailliert untersucht worden ist, wurde auf die weitere Auswertung der Phasengröße innerhalb der Lotmenisken verzichtet. Gesetzmäßigkeiten und weitere Erläuterungen zum Wachstumsprozess können u. a. in [Fix07, S. 14-15, 47-99] nachgelesen werden.

6 Auswertung der Messergebnisse

In diesem Kapitel werden die Ergebnisse der Schliffanalysen an den Lötverbindungen der Chipwiderstände der Bauform 0603 und 1206 vorgestellt und bewertet. Lichtmikroskopisch wurden allgemeines Erscheinungsbild, Mikrostruktur, eventuelle Risse und Kornstruktur (mittels polarisiertem Licht) begutachtet. Mittels EBSD wurde die Kornstruktur detaillierter untersucht. Zunächst werden im Abschnitt 6.1 die Eigenschaften der Lötverbindungen im Ausgangszustand beschrieben. Anschließend werden in den Abschnitten 6.2 und 6.3 die durch Temperaturlagerung und Temperaturwechsel verursachten Veränderungen vorgestellt. Anhand der Ergebnisse werden in Abschnitt 6.4 mögliche Schadensmechanismen erläutert. Die Eignung der Analysen zur eindeutigen Korrelation von Schadensbild zur Schadensursache wird in Abschnitt 6.5 diskutiert.

6.1 Ausgangszustand

6.1.1 Geometrie

Im Ausgangszustand wurde zunächst die Geometrie der Lötverbindungen vermessen. Die Geometriedaten wurden als Eingangsgrößen für FEM-Simulationen (Abschnitt 6.4) herangezogen sowie zur Bestimmung der relativen Risslängen.

Hinsichtlich Benetzung und Verbindungsbildung wiesen alle untersuchten Lötverbindungen einen gut ausgebildeten Meniskus auf. Wie die Geometriebewertung zeigte, besaßen die in dieser Arbeit untersuchten Verbindungen jedoch ein relativ kleines Lotvolumen. In der Abbildung 6.1 ist ein exemplarisches Beispiel für Geometriebewertung der Lötverbindungen gezeigt.

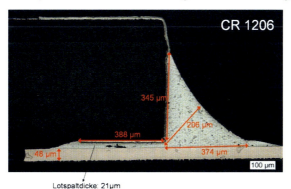

Abbildung 6.1: Geometrie 1206

Es handelt sich hierbei um einen 1206 Chipwiderstand mit einem Lotvolumen von ca. $0{,}08\,\mathrm{mm}^3$. Vergleichswerte lassen sich z. B. in [KNW+05, S. 215] finden. Dort ist der Einfluss des Lotvolumens auf die durch Temperaturwechsel verursachten Dehnungen simuliert worden. In diesem Beispiel wird die „normale" Lötverbindung mit einem Lotvolumen von $0{,}29\,\mathrm{mm}^3$ angegeben und eine magere Lötverbindung mit $0{,}20\,\text{mm}^3$. In den Simulationsergebnissen in [KNW+05, S. 215-216] wurde ersichtlich, dass in Temperaturwechselbelastungen ein kleineres Lotvolumen eine höhere Vergleichsdehnungsdifferenz im oberen Bereich des Lötmeniskus zur Folge hat. Die Position Rissinitiierung und die effektive Risslänge verändert sich.

6.1.2 Mikrostruktur

Abbildung 6.2 zeigt zwei Beispiele für das Erscheinungsbild der Mikrostruktur am Schliffbild der Lötverbindung eines 1206 Chipwiderstandes.

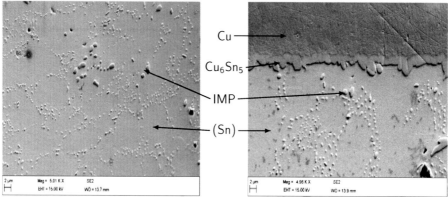

Abbildung 6.2: REM-Aufnahmen der Mikrostruktur im Ausgangszustand. Links: im Lotvolumen. Rechts: Grenzbereich zum Leiterplattenanschluss. IMP = intermetallische Phase im Lot, sowohl als Primärkristallit als auch in der eutektischen Restschmelze.

Ausgangspunkt zur Interpretation der Mikrostruktur stellt das Zustandsdiagramm des SnAgCu-Systems dar, dessen Sn-reiche Ecke in Abbildung 6.3 gezeigt ist. Für die SnAg3,0Cu0,5-Legierung würde man erwarten, dass die Mikrostruktur überwiegend durch das ternäre Eutektikum gebildet wird, das sich im Gleichgewicht aus β-Sn, Ag_3Sn und Cu_6Sn_5 zusammensetzt.

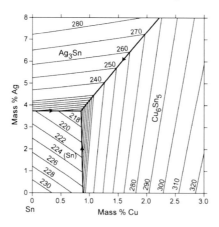

Abbildung 6.3: Zinnreiche Ecke des SnAgCu-Systems [NIS03]

Das sich real ergebende Gefüge besteht jedoch aus zinnreichen Phasen, die von einer eutektischen Restschmelze umgeben sind. Weiterhin sind intermetallische Primärkristallite im Lotvolumen verteilt. Diese Struktur ergibt sich durch die für die Erstarrung von Zinn notwendige starke Unterkühlung, die für eine ternäre eutektische SnAgCu-Legierung bei ca. $30\,\mathrm{K}$ liegt [VPDA09, S. 15]. Durch eine unterdrückte Keimbildung von Zinn verschiebt sich die Zusammensetzung der Restschmelze, wie in [Swe07] an einer virtuellen Projektion der Ag_3Sn-Cu_6Sn_5-Liquiduslinie gezeigt wurde. Abhängig von Gesamtzusammensetzung der Legierung und den Abkühlbedingungen können sich dann unterschiedliche Mikrostrukturen ausbilden, die sowohl primäre intermetallische Phasen enthalten, als auch β-Sn Dendriten und eutektische Strukturen, die wiederum sowohl binär als auch ternär eutektisch sein können. Auch das Lotvolumen hat einen entscheidenden Einfluss auf die sich ausbildende Struktur [Wie08, S. 99-108].

6.1.3 Kornstruktur

Zwei Beispiele für die Analyse der Kornstruktur mit polarisiertem Licht sind in den Abbildungen 6.4a und 6.4c gezeigt. Lichtmikroskopisch konnten innerhalb der Verbindungen keine Orientierungsunterschiede festgestellt werden.

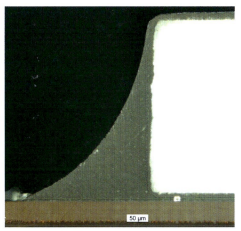

(a) CR0603 polarisiertes Licht

(b) CR0603 EBSD-Map

(c) CR1206 polarisiertes Licht

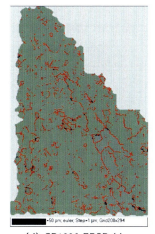

(d) CR1206 EBSD-Map

Abbildung 6.4: Kornstruktur zweier Lötverbindungen im Ausgangszustand; EBSD-Maps in Eulerwinkeldarstellung; rote Linien: Kleinwinkelkorngrenzen mit Missorientierungen zwischen $2°$ und $5°$

Auch die EBSD Analysen ergaben, dass alle Verbindungen jeweils eine einzelne deutliche Vorzugsorientierung und keine Korngrenzen (Orientierungsunterschiede $>5°$) aufwiesen. Kleinwinkelkorngrenzen waren in hoher Anzahl vorhanden und zufällig, nicht geordnet über die gesamten Lötverbindungen verteilt. Abbildung 6.4b zeigt ein EBSD-Mapping in Eulerwinkeldarstellung der in Abbildung 6.4a gezeigten Lötverbindung eines 0603 Widerstandes. Analog dazu ist in Abbildung 6.4d das Mapping der Verbindung aus Abbildung 6.4c zu sehen.

In Abbildung 6.5 sind die Hauptorientierungen von acht Verbindungen dargestellt. Die Software von HKL zur Auswertung der EBSD-Messungen ermöglicht eine schematische dreidimensionale Darstellung der Orientierung eines Messpunktes und gibt dabei gleichzeitig die Orientierung der drei Achsen ausgedrückt in MILLERschen Indizes an. Mit Hilfe der Fibre Texture Analyse wurde bestätigt, dass die in Abbildung 6.5 angegebenen Orientierungen um weniger als $10°$ über die jeweilige Verbindung schwankten. Durch diese Analyse wird ersichtlich, dass innerhalb einer einzelnen Verbindung zwar deutliche Vorzugsorientierungen zu erkennen sind, sich diese jedoch von Verbindung zu Verbindung unterscheiden.

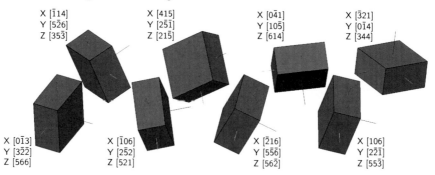

Abbildung 6.5: Vergleich der Hauptorientierung von acht Lötverbindungen im Ausgangszustand; X-Achse ist rot dargestellt, Y grün und Z blau

6.1.4 Einfluss des zweiten Reflowprozesses

Wie im Kapitel 5 erläutert, wurden die hier beschriebenen Untersuchungen an Testboards durchgeführt, die zweimal umgeschmolzen wurden. Röntgenografische Untersuchungen zeigten, dass die Porenanteile durch den zweiten Prozess deutlich verringert wurden. Darüber hinaus wurden Schliffanalysen durchgeführt, um den Einfluss des zweiten Prozesses auf die Mikro- und Kornstruktur der Lötverbindungen bewerten zu können. Hier zeigten sich direkt nach dem Löten nur geringe Unterschiede zwischen den Verbindungen aus den beiden unterschiedlichen Prozessabläufen.

Abbildung 6.6 zeigt das Ergebnis einer EBSD-Messung an einem 0603 Chipwiderstand, dessen Lötverbindungen nur einmal umgeschmolzen wurden. In diesem Beispiel sind zwei Bereiche unterschiedlicher Orientierung zu erkennen, wobei der Orientierungsunterschied gering ist ($<20°$). Auch Kleinwinkelkorngrenzen sind vorhanden und regellos über die Verbindung verteilt. Die Dichte der Kleinwinkelkorngrenzen ist jedoch deutlich geringer als bei den in Abbildung 6.4 gezeigten Beispielen.

Neben diesen Beobachtungen kann davon ausgegangen werden, dass sich auch die Verteilung der intermetallischen Phasen innerhalb der Verbindungen durch den zweiten Umschmelzprozess

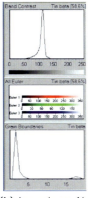

(a) Mapping in Eulerwin-
keldarstellung

(b) Legende zur Ab-
bildung 6.6a

Abbildung 6.6: EBSD-Messung einer Lötverbindung eines 0603 Chipwiderstandes nach dem ersten Lötpro-
zess; rote Linien: Kleinwinkelkorngrenzen mit Missorientierungen zwischen $2°$ und $5°$; schwarze
Linien: Korngrenzen mit Missorientierungen $>5°$

verändert hat. Es ist davon auszugehen, dass diese einen Einfluss auf den zeitlichen Verlauf der
Schädigung durch Temperaturwechseltests haben [VWC$^+$10]. Da in dieser Arbeit jedoch eher
die grundsätzlichen Mechanismen als deren zeitliche Verläufe untersucht werden, wurden für
die Auswertung der Belastungstests nur porenarme Proben aus dem zweifachen Reflow-Prozess
herangezogen.

6.2 Temperaturlagerung

Der Einfluss konstanter Temperaturbelastung wurde an Proben untersucht, die für 1000 Stunden bei $125\,°C$ bzw. $175\,°C$ gelagert wurden. Diese Belastungen führten zum Wachstum in-
termetallischer Phasen im Lot sowie in den Grenzbereichen und zu geringfügigen Veränderungen der Kornstruktur. Risse traten nicht auf. Abbildung 6.7 zeigt die Zunahme der Dicke der
intermetallischen Grenzschicht zwischen Lot und Substratmetallisierung in Abhängigkeit von
Bauelementtyp und Belastungsart.

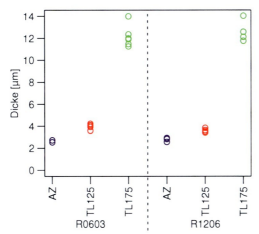

Abbildung 6.7: Dicke der intermetallischen Grenzschicht im Ausgangszustand und nach Temperaturlagerung

Es handelt sich hierbei um ein Streudiagramm, in dem jede Einzelmessung mit einem Datenpunkt dargestellt wird. Durch die geringe Anzahl von Datensätzen kann man in dieser Darstellungweise Tendenzen immer noch erkennen und gleichzeitig eine Aussage über die Schwankungsbreite der Messungen erhalten. Die hier gemessenen Werte sind vergleichbar mit denen anderer Projekte. So wurde z. B. in [KNW$^+$05, S. 176-177] bereits festgestellt, dass besonders bei Leiterplatten mit chemisch Zinn als Oberflächenfinish das Wachstum der intermetallischen Grenzschicht bei hohen Temperaturen stark ausgeprägt ist. Nach $1000\,h$ bei $175\,°C$ weisen unterschiedliche Lotlegierungen Phasendicken von etwa $12\,\mu m$ auf, während bei gleicher Lagerungsdauer bei $150\,°C$ die Phasendicke bei weniger als der Hälfte lag.

Beispiele für die Analyse der Kornstruktur nach Temperaturlagerung sind in Abbildung 6.8 gezeigt. Bei der Untersuchung mit polarisiertem Licht konnten keine Orientierungsunterschiede festgestellt werden. Dies wurde durch die EBSD-Analysen bestätigt.

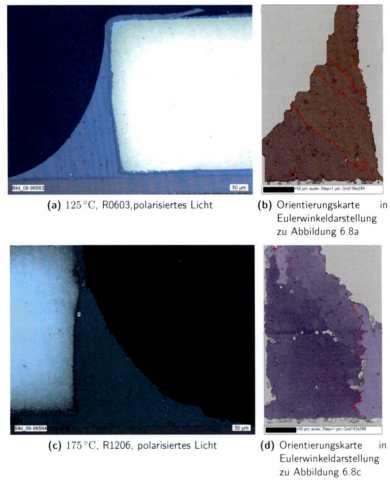

(a) $125\,°C$, R0603,polarisiertes Licht

(b) Orientierungskarte in Eulerwinkeldarstellung zu Abbildung 6.8a

(c) $175\,°C$, R1206, polarisiertes Licht

(d) Orientierungskarte in Eulerwinkeldarstellung zu Abbildung 6.8c

Abbildung 6.8: Kornstrukturen nach 1000 Stunden Temperaturlagerung; rote Linien: Kleinwinkelkorngrenzen mit Missorientierungen zwischen 2° und 5°; schwarze Linien: Korngrenzen mit Missorientierungen >5°

Darüber hinaus konnten die EBSD-Analysen den Einfluss der Temperaturlagerung auf die Kleinwinkelkorngrenzen sichtbar machen. Während im Ausgangszustand viele Kleinwinkelkorngrenzen zufällig über die gesamte Verbindung verteilt waren, waren diese nach Temperaturlagerung zusammenhängend angeordnet und bildeten somit Subkörner. Durch Polygonisation und Anordnung der Kleinwinkelkorngrenzen in regelmäßigen Reihen strebt der Werkstoff eine Abnahme der Versetzungsenergie an. Die Temperaturlagerung führt zur Erholung.

6.3 Temperaturwechsel

Im Folgenden werden die Ergebnisse der unterschiedlichen Temperaturwechseltests vorgestellt. Die drei Belastungsarten werden dabei wie folgt abgekürzt:

- TW125 für den langsamen Temperaturwechsel zwischen $-40/125\,°C$
- TS125 für den Temperaturschock zwischen $-40/125\,°C$
- TS150 für den Temperaturschock zwischen $-40/150\,°C$

Alle drei Belastungsarten führten zu mikrostrukturellen Veränderungen in Form von Phasenwachstum. Anders als bei den Temperaturlagerungen wurden die Bildung von Rissen sowie deutliche Veränderungen der Kornstruktur beobachtet.

6.3.1 Rissbewertung

Temperaturwechselbelastungen verursachen u. a. die Bildung von Rissen. Alle Lötverbindungen wurden hinsichtlich Rissort und Risslänge bewertet, wobei das in Abschnitt 5.3.1 beschriebene Verfahren angewandt wird. Grundsätzlich kann festgestellt werden, dass im Mittel die Risslängen mit der Belastungsdauer zunehmen und bei den 1206 Widerständen etwas größer sind als bei den 0603-Widerständen. Der Temperaturschock TS150 ruft eine stärkere Schädigung hervor als der Temperaturschock TS125. Die mittlere Risslänge im langsameren Temperaturwechsel TW125 ist nach 1000 Zyklen größer als beim Temperaturschock TS125, jedoch kleiner als beim Temperaturschock TS150. Die Ergebnisse der Risslängenbestimmung in Abhängigkeit von Bauelementtyp sowie Belastungsart und -dauer sind in Abbildung 6.9 dargestellt.

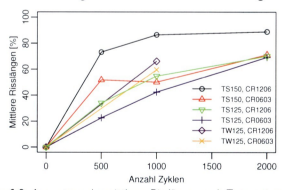

Abbildung 6.9: Auswertung der mittleren Risslängen nach Temperaturwechseltests

In Abbildung 6.10 ist ein Streudiagramm der Risslängen in Abhängigkeit von Belastungsart und -dauer sowie Bauelementtyp dargestellt. Durch diese Darstellung wird deutlich, dass bei gleichen Belastungsbedingungen die Risslängen stark schwanken. Betrachtet man z. B. die Risslängen der 0603-Widerstände nach 1000 Zyklen im Temperaturschock TS150, wird ersichtlich, dass die maximale Risslänge in diesem Fall bei 100% und die minimale bei 20% liegt. Die entsprechenden Schliffbilder zu diesen zwei Messwerten sind in Abbildung 6.11 gezeigt.

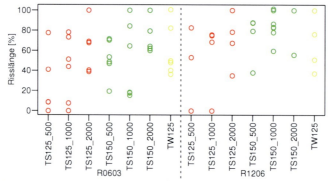

Abbildung 6.10: Streudiagramm der Risslängen nach Temperaturwechseltests in Abhängigkeit von Belastungsart und -dauer sowie Bauelementtyp

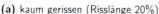

(a) kaum gerissen (Risslänge 20%)   (b) vollständig gerissen (Risslänge 100%)

Abbildung 6.11: 0603 Widerstände nach 1000 Zyklen TS150; Veranschaulichung der Schwankungsbreite der Rissbilder bei gleichen Belastungen

Eine eindeutige Korrelation von Risslänge und Rissort zur Belastungsart und -dauer ist nicht herstellbar. Auffällig war lediglich, dass bei den Bauelementen mit größtem Schädigungsgrad (Risslänge) die Rissorte auf beiden Seiten des Zweipolers gleich waren. Unterschieden sich die Rissorte, so waren auch die Risslängen geringer. Dies galt für alle Belastungsarten.

6.3.2 Mikrostruktur und Kornstruktur

Die Mikrostruktur der Lötverbindungen verändert sich durch den Einfluss von Temperaturwechselbelastungen ähnlich wie unter Temperaturlagerung: intermetallische Phasen wachsen sowohl im Lot als auch in den Grenzbereichen. Quantitativ ausgewertet wurde die Dicke der intermetallischen Grenzschicht zwischen Lotmeniskus und Leiterplattenanschluss, siehe Abbildung 6.12. Die ermittelten Werte sind vergleichbar mit denen anderer Projekte. Nach 1000 Zyklen in einem Temperaturschockversuch TS125 wurden in [VPDA09, S. 135] für SnAg3,0Cu0,5Schichtdicken von $2\,\mu m$ bis $4\,\mu m$ bestimmt. In den dargestellten Ergebnissen in Abbildung 6.12 ist lediglich auffällig, dass die mittleren Dicken der intermetallischen Grenzschicht der 1206-Widerstände nach 500 Zyklen im Temperaturschock TS125 kleiner sind als im Ausgangszustand und nach 2000 Zyklen kleiner als nach 1000 Zyklen. Diese Beobachtung wird auf die geringe Anzahl von Messdaten bei gleichzeitig großer Schwankungsbreite zurückgeführt.

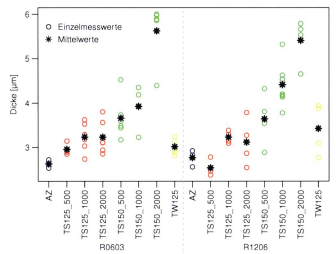

Abbildung 6.12: Dicke der intermetallischen Grenzschicht zwischen Lot und Leiterplattenanschluss im Ausgangszustand und nach Temperaturwechselbelastungen.

Anders als die Lagerung bei konstanter Temperatur führten Temperaturwechselbelastungen zu deutlichen Veränderungen der Kornstruktur im Vergleich zum Ausgangszustand, denn es waren nun mehrere Körner mit unterschiedlichen Orientierungen erkennbar. Dies konnte bereits lichtmikroskopisch mit polarisiertem Licht festgestellt werden. So kann im Beispiel in Abbildung 6.13 lichtmikroskisch eine Veränderung der Kornstruktur festgestellt werden.

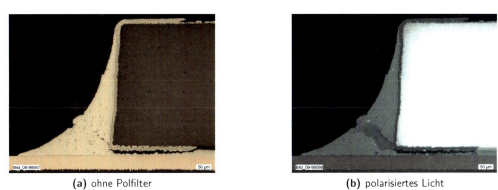

(a) ohne Polfilter   (b) polarisiertes Licht

Abbildung 6.13: Beispiel für die lichtmikroskopische Analyse der Kornstruktur eines 0603 Widerstandes nach 1000 Zyklen TW125

Die Kontrastunterschiede in der Analyse mit polarisiertem Licht, Abbildung 6.13b, deuten auf Orientierungsunterschiede hin, die in keiner der Lötverbindungen im Ausgangszustand zu erkennen waren. Der Vergleich mit den EBSD-Analysen zeigt jedoch, dass im polarisierten Licht viele Informationen fehlen. Abbildung 6.14c zeigt die zur Abbildung 6.13 zugehörige EBSD-Analyse, die noch mehr Details erkennen lässt, wie z. B. Subkorngrenzen. Im Folgenden werden die Ergebnisse für die unterschiedlichen Temperaturwechseltests dargestellt, wobei schwerpunktmäßig die EBSD-Analysen ausgewertet werden, da die in den lichtmikroskopischen Analysen enthaltenen Informationen auch den EBSD-Analysen entnommen werden können und gleichzeitig die EBSD-Analysen genauer und quantitativ auswertbar sind.

TW125

Im langsamen Temperaturwechsel TW125 erfolgte die Probenentnahme nach 1000 Zyklen. Sowohl lichtmikroskopische als auch EBSD-Analysen zeigten, dass sich die Kornstrukturen im Vergleich zum Ausgangszustand durch die Bildung von Korngrenzen deutlich veränderten. Die Größe und Verteilung der neu gebildeten Körner schwankten von Verbindung zu Verbindung. Beispiele für die Bandbreite der unterschiedlichen Kornstrukturen sind in Abbildung 6.14 gezeigt.

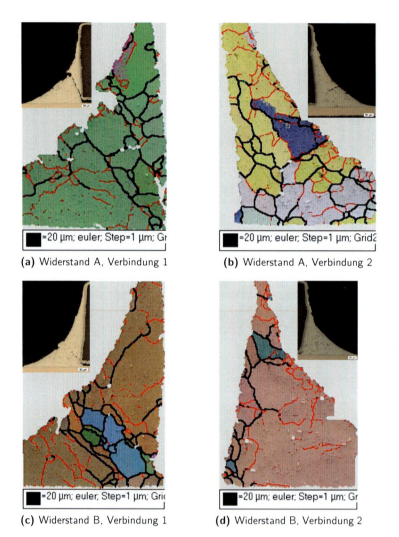

(a) Widerstand A, Verbindung 1   (b) Widerstand A, Verbindung 2

(c) Widerstand B, Verbindung 1   (d) Widerstand B, Verbindung 2

Abbildung 6.14: Kornstruktur von 0603 Widerständen nach 1000 Stunden langsamer Temperaturwechsel TW125 in Eulerwinkeldarstellung; rote Linien: Kleinwinkelkorngrenzen mit Missorientierungen zwischen 2° und 5°; schwarze Linien: Korngrenzen mit Missorientierungen >5°

Es handelt sich hierbei um die Orientierungskarten in Eulerwinkeldarstellung von Lötverbindungen zweier 0603 Widerstände. Alle Verbindungen zeigen die Ausbildung von Großwinkelkornkrenzen sowie die Bildung von Subkörnern mit geordneten Aneinanderreihungen von Kleinwinkelkorngrenzen. Auch wenn die Kornverteilungen von Verbindung zu Verbindung unterschiedlich aussehen, so lassen sich doch drei Gruppen bilden:

1. Die Großwinkelkorngrenzen sind bevorzugt entlang des Bauelementes angeordnet, wie im Beispiel Abbildung 6.14d. Im Meniskus befinden sich Bereiche mit geordneten Kleinwinkelkorngrenzen, die direkt an die Bereiche mit Körnern angrenzen. Mit zunehmendem Abstand vom Bauelement treten weniger Kleinwinkelkorngrenzen auf.
2. Die Großwinkelkorngrenzen sind über die gesamte Lötverbindung verteilt, wie im Beispiel in Abbildung 6.14b. Reihen von Kleinwinkelkorngrenzen bilden Subkörner.
3. Die Großwinkelkorngrenzen sind entlang von Rissen konzentriert, wie in den Beispielen in den Abbildungen 6.14a und 6.14c

TS125

Im Temperaturschock TS125 erfolgte die Probenentnahme und -analyse nach 500, 1000 und 2000 Zyklen. Wie auch beim langsamen Temperaturwechsel wiesen die Verbindungen nach der Belastung neu gebildete Großwinkelkorngrenzen sowie Subkorngrenzen auf, wobei die Korngrößen und -verteilungen von Verbindung zu Verbindung stark schwankten. Dennoch ließ sich mit zunehmender Belastungsdauer eine Tendenz in der Entwicklung der Kornstruktur erkennen. Dies ist exemplarisch in Abbildung 6.15 am Beispiel von 1206 Chipwiderständen dargestellt.

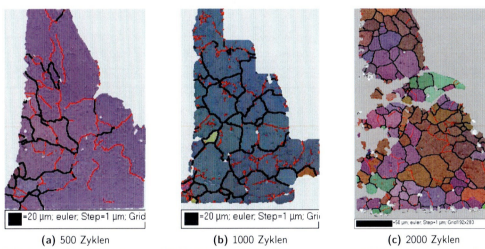

(a) 500 Zyklen   (b) 1000 Zyklen   (c) 2000 Zyklen

Abbildung 6.15: Kornstruktur von 1206 Widerständen nach Temperaturschock TS125; Eulerwinkeldarstellung; rote Linien: Kleinwinkelkorngrenzen mit Missorientierungen zwischen 2° und 5°; schwarze Linien: Korngrenzen mit Missorientierungen >5°

Nach 500 Zyklen, Abbildung 6.15a, waren Großwinkelkorngrenzen nur in Teilbereichen der Verbindung in der Nähe des Bauelementes vorhanden. Von dort ausgehend ins Lotvolumen hinein gab es einige Subkorngrenzen und große Bereiche ohne Korngrenzen. Abbildung 6.15b zeigt ein Beispiel nach 1000 Zyklen. Die Großwinkelkorngrenzen sind fast über die gesamte Verbindung verteilt und es gibt Subkörner, also geordnete Kleinwinkelkorngrenzen innerhalb der Körner. In Oberflächennähe bzw. am Auslauf des Lotmeniskus überwiegen Kleinwinkelkorngrenzen. Nach 2000 Zyklen, Abbildung 6.15c, sind Großwinkelkorngrenzen in der gesamten Verbindung zu finden. Weiterhin existieren Subkorngrenzen; der Anteil an Körnern ohne Subkörner hat zugenommen. Die Beispiele in Abbildung 6.15 zeigen eine grundsätzliche Tendenz in der Entwicklung der Kornstrukturen mit zunehmender Belastungsdauer. Nicht alle Einzelmessungen passten jedoch eindeutig in dieses Schema. Abbildung 6.16 zeigt die Kornstruktur einer Lötverbindung eines

1206 Chipwiderstandes. Obwohl die Kornstruktur eher dem Beispiel in Abbildung 6.15a ähnelt (Widerstand nach 500 Zyklen), war diese Verbindung tatsächlich 2000 Temperaturschockzyklen ausgesetzt.

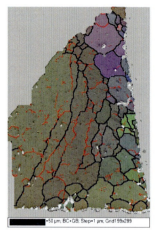

Abbildung 6.16: Kornstruktur eines 1206 Chipwiderstandes nach 2000 Zyklen TS125; Eulerwinkeldarstellung; rote Linien: Kleinwinkelkorngrenzen mit Missorientierungen zwischen 2° und 5°; schwarze Linien: Korngrenzen mit Missorientierungen >5°

TS150

Im Temperaturschock TS150 erfolgte die Probenentnahme und -analyse nach 500, 1000 und 2000 Zyklen. Der Temperaturschock TS150 führte zu ähnlichen Kornstrukturen wie der Temperaturschock TS125. Wie im TS125 konnte auch hier die grundsätzliche Tendenz festgestellt werden, dass der Anteil an Großwinkelkorngrenzen mit zunehmender Belastungsdauer zunimmt. Ein Beispiel für diese grundsätzliche Beobachtung ist in Abbildung 6.17 gezeigt.

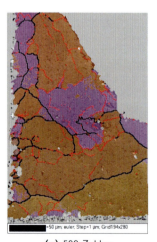  

(a) 500 Zyklen   (b) 1000 Zyklen   (c) 2000 Zyklen

Abbildung 6.17: Kornstruktur von 1206 Widerständen nach Temperaturschock TS150; Eulerwinkeldarstellung; rote Linien: Kleinwinkelkorngrenzen mit Missorientierungen zwischen 2° und 5°; schwarze Linien: Korngrenzen mit Missorientierungen >5°

Anders als beim TS125 wirkten die Verbindungen nach dem TS150 jedoch stärker zerrüttet. Die thermomechanischen Spannungen führen also nicht nur zur Bildung von Körnern und Subkörnern, sondern auch zum Verschieben der Körner gegeneinander, so dass die Verbindungen als Ganzes verformt werden. Dies wird auch bei den EBSD Analysen sichtbar, wenn der Meniskus keine glatte Oberfläche mehr aufweist, so wie im Beispiel in Abbildung 6.17c.

6.4 Beschreibung des Schadensmechanismus

Auf Basis der Untersuchungsergebnisse wird in diesem Abschnitt diskutiert, welche Mechanismen ursächlich für die beobachteten Veränderungen sind.

Lagerung bei konstanter Temperatur führt zu Phasenwachstum und Erholungsprozessen im Lot. Phasenwachstumsgesetze sind u. a. beschrieben in [Eva07, S. 97-126; Fix07, S. 14-15, 47-99]. Durch Polygonisation, also dem Anordnen von Versetzungen in regelmäßigen Reihen, bilden sich kontinuierliche Subkorngrenzen. Diese Beobachtungen entsprechen den Untersuchungen anderer Autoren, z. B. [TBCS02; Tel05].

Die Interpretation der Schadensbilder nach Temperaturwechselbelastung ist dagegen deutlich komplexer. Die Bildung von Korn- und Subkorngrenzen kann durch verschiedene Mechanismen hervorgerufen werden. Mechanismen der Erholung und Rekristallisation wurden in Kapitel 2.3 vorgestellt. Es ist zu erwarten, dass während der Temperaturwechseltests innerhalb der Lötverbindungen die gleichen Erholungsprozesse ablaufen, die auch in den Tests mit konstanter Temperatur beobachtet wurden. So wird insbesondere in den oberen Temperaturbereichen Polygonisation zur Bildung von Subkorngrenzen führen.

Die Entstehung von Korngrenzen wird in der Literatur über Lötverbindungen in der Regel durch das Auftreten von Rekristallisation erklärt. Für die eigenen Untersuchungen wurde daher zunächst theoretisch überprüft, ob die für Rekristallisation notwendigen Bedingungen hinsichtlich Temperatur und Spannung erfüllt werden. Das Rekristallisationsverhalten von Zinn wurde in [Czo16] beschrieben. Darauf basierend wurde in [VWC+10] ein Temperatur-Verformungsdiagramm für Zinn abgeleitet. Damit Rekristallisation auftreten kann sind demnach Verformungsgrade von ca. 5% bei $65\,°C$ und 1% bei $120\,°C$ notwendig.

Um die Verformungsgrade innerhalb der in dieser Arbeit untersuchten Lötverbindungen abzuschätzen, wurden Finite Elemente Simulationen durchgeführt. Die Dehnungsverteilung innerhalb eines 1206 Chipwiderstandes im Falle der Temperaturschockbelastung TS125 ist in Abbildung 6.18 gezeigt.

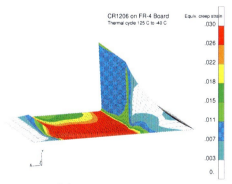
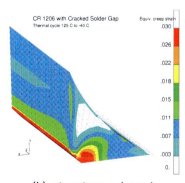

(a) mit intaktem Lotspalt (b) mit gerissenem Lotspalt

Abbildung 6.18: FEM Simulationen der Dehnungsverteilung eines 1206 Chipwiderstandes im Temperaturschock TS125 [Dud10]

Die Geometriedaten des FE-Modelles wurden basierend auf Vermessungen aus Röntgen- und Schliffanalysen ermittelt, siehe dazu Abschnitt 6.1.1. Abbildung 6.18a zeigt die Dehnungsverteilung während der ersten Zyklen, wenn der Lotspalt noch intakt ist. Die höchsten Dehnungen treten im Lotspalt und im Lot in der Nähe des Bauelementes auf. Da der Lotspalt in der Regel bereits nach wenigen hundert Zyklen vollständig gerissen ist, wurde die Dehnungsverteilung auch für diesen Fall berechnet, zu sehen in Abbildung 6.18b. In diesem Fall konzentrieren sich die Dehnungen in einem Bereich, der in einem Winkel von ca. 45° zum Bauelement durch den Lotmeniskus verläuft. Die berechneten Verformungsgrade liegen deutlich über 1%, so dass bei Temperaturen von 125 °C und darüber die Bedingungen für Rekristallisation erfüllt sind.

In der klassischen Definition versteht man unter Rekristallisation eine Gefügeneubildung, die gekennzeichnet ist durch die „Entstehung und Bewegung von Großwinkelkorngrenzen unter Beseitigung der Verformungsstruktur" [Got07, S. 304; RJS05]. Diese Form der Rekristallisation wird diskontinuierliche Rekristallisation genannt. Wie im Abschnitt 2.3 gibt es jedoch auch Mechanismen, die ohne merkliche Bewegung von Korngrenzen ablaufen.

Für Lötverbindungen wurden in der Literatur beide Mechanismen vorgeschlagen. In Untersuchungen an Scherlappproben konnten Hinweise gefunden werden, dass SnAgCu-Lote diskontinuierlich rekristallisieren [TBCS02]. Es wurde die Ausbildung von Scherbändern beobachtet, die Bereiche hoher Energie darstellen und in denen sich neue Körner bildeten. Weiterhin wurde argumentiert, dass die Orientierungen der neuen Körner stark von der ursprünglichen Orientierung abwichen, was typisch sei für diskontinuierliche Rekristallisation. Auch in [HW04] wurde bestätigt, dass diskontinuierliche Rekristallisation ein möglicher Schadensmechanismus ist. In EBSD-Untersuchungen an BGAs nach thermomechanischer Belastung wurden große Orientierungsunterschiede zwischen neuen Körnern und der ursprünglichen Orientierung sowie den neuen Körnern untereinander gefunden. In einigen neueren Publikationen wird dagegen gezeigt, dass die Änderung der Kornstruktur eher auf kontinuierliche Rekristallisation zurückzuführen ist [TBC06; BZB+12; ZBLL10], die durch eine allmähliche Zunahme der Anzahl der Korngrenzen und deren Missorientierungen geprägt ist. Alle diese Untersuchungen beschreiben die Schädigung am Beispiel von BGAs. Für Chipwiderstände existieren keine derartigen Interpretationen. Zur Identifikation des Schadensmechanismus innerhalb der für diese Arbeit untersuchten Lötverbindungen wurden daher detailliert die Abläufe der Kornstrukturveränderungen charakterisiert. Insbesondere die Interpretation der Missorientierungen von Korngrenzen sowie von Missorientierungsverteilungsfunktionen der Lötverbindungen lieferten aussagekäftige Hinweise über die zugrunde liegenden Mechanismen.

In den Abbildungen 6.19 und 6.20 wird die Bewertung der Missorientierungen an zwei Beispielen gezeigt. Es handelt sich dabei jeweils um einen 1206-Chipwiderstand nach Temperaturschock TS125, in Abbildung 6.19 nach 500 Zyklen und in Abbildung 6.20 nach 2000 Zyklen.

Nach 500 Zyklen sind viele Verbindungen nur teilweise rekristallisiert. Die neu gebildeten Körner weisen nur geringe Orientierungsunterschiede zur ursprünglichen Orientierung auf. Dies ist in der Texture Component Analyse in Abbildung 6.19b zu erkennen. Der blaue Bereich ist nicht rekristallisiert und es wird daher angenommen, dass dies die ursprüngliche Orientierung der Lötverbindung ist. Je stärker die Orientierung der Körner hiervon abweicht, desto stärker sind die Farbunterschiede. Der Orientierungsunterschied der neu gebildeten Körner im Vergleich zur ursprünglichen Orientierung ist $<20°$. Auch in Abbildung 6.19c ist eine Texture Component

Analyse dargestellt. Der Unterschied zu Abbildung 6.19b liegt in der farblichen Spreizung der Orientierungsunterschiede. In Abbildung 6.19b werden Orientierungsunterschiede in einem Bereich von $0°$ bis $25°$ dargestellt, in Abbildung 6.19c umfasst der Bereich eine Spanne von $0°$ bis $90°$. Durch die geringere Spreizung in Abbildung 6.19b wird die graduelle Änderung der Orientierung vom Bauelement in den Meniskus hinein deutlicher sichtbar, also von Bereichen hoher Dehnung hin zu Bereichen niedrigerer Dehnung.

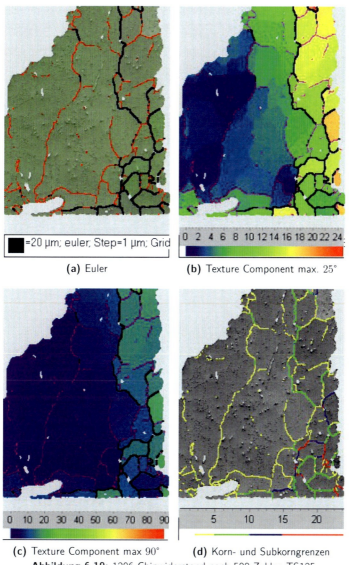

(a) Euler   (b) Texture Component max. 25°

(c) Texture Component max 90°   (d) Korn- und Subkorngrenzen

Abbildung 6.19: 1206 Chipwiderstand nach 500 Zyklen TS125

In Abbildung 6.19d werden Korn- und Subkorngrenzen je nach Missorientierung farblich unterschiedlich visualisiert – gelb für $<5°$, grün für $>5°$ und $<10°$, usw. Die Grenzen mit den größten Missorientierungen sind in Bereichen höchster Dehnung zu finden, in der Nähe des Bauelementes ausgehend vom Lotspalt. Von dort ausgehend nehmen die Missorientierungen ab, sind auf Grund unterschiedlicher Belastungen entlang des Bauelementes jedoch noch etwas größer als im Meniskus. Einzelne Körner und Subkörner werden von Korn- und Subkorngrenzen mit unterschiedlichen Missorientierungen gebildet. Sämtliche Missorientierungen sind kleiner als $25°$.

Mit zunehmender Belastungsdauer nehmen die Anzahl der Körner und Subkörner sowie der Missorientierungen der Grenzen zu. Die Lötverbindung des 1206 Chipwiderstandes in Abbildung 6.20 ist nach 2000 Zyklen im Temperaturschock TS125 vollständig von Korn- und Subkorngrenzen durchzogen. Ob die ursprünglich vorliegende Orientierung noch vorhanden ist, ist nicht mehr erkennbar.

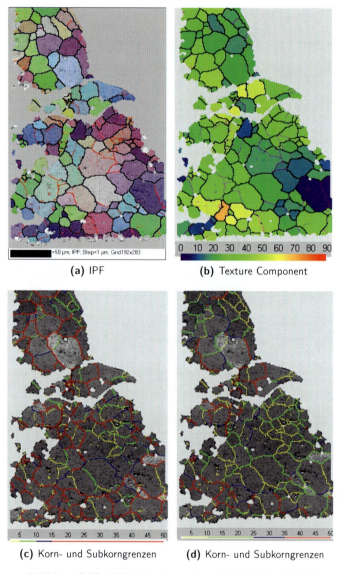

(a) IPF   (b) Texture Component

(c) Korn- und Subkorngrenzen   (d) Korn- und Subkorngrenzen

Abbildung 6.20: 1206 Chipwiderstand nach 2000 Zyklen TS125

Bei der Texture Component Analyse in Abbildung 6.20b ist als Referenzorientierung daher ein Korn ausgewählt, das möglichst weit vom Bauelement entfernt ist und somit vermutlich erst spät im Belastungstest erste Veränderungen erfahren hat (blauer Bereich oben links). Im Vergleich zu Abbildung 6.19c sind leichte Veränderungen zu beobachten. Es existiert weiterhin ein leichter Orientierungsgradient innerhalb der Lötverbindung. Missorientierungen sind tendenziell etwas größer und erreichen teilweise Werte >60°. Die Abbildungen 6.20c und 6.20d zeigen die Korn- und Subkorngrenzen innerhalb der Verbindung, wobei die farbliche Codierung den Grad der Missorientierung deutlich macht. Abbildung 6.20c zeigt im Vergleich zu Abbildung 6.19d eine deutliche Zunahme der Anzahl der Korn- und Subkorngrenzen zwischen 500 und 2000 Zyklen. Auch der Anteil von Missorientierungen >15° hat deutlich zugenommen. In Abbildung 6.20d ist zu erkennen, dass nicht mehr nur Korngrenzen mit Missorientierungen >15° vorhanden sind, sondern auch Korngrenzen mit Missorientierungen >25° und >35°. Solche großen Missorientierungen traten im Beispiel in Abbildung 6.19 nicht auf. Die in den Abbildungen 6.19 und 6.20 an einzelnen Lötverbindungen dargestellten Abläufe der Rekristallisation spiegeln sich auch in den Missorientierungsverteilungsfunktionen über die gesamte Lötverbindungen wieder. In der Abbildung 6.21 sind die Misssorientierungsverteilungsfunktionen für die 1206 Chipwiderstände in Abhängigkeit von Belastungsart und -dauer gezeigt.

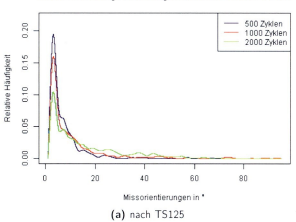

(a) nach TS125

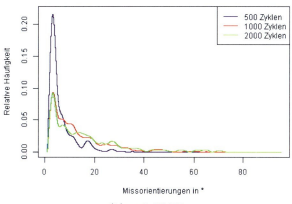

(b) nach TS150

Abbildung 6.21: Missorientierungsverteilungsfunktionen für Chipwiderstände 1206

Die dargestellten Kurven stellen Mittelwerte über mehrere Lötverbindungen dar. Der Temperaturschock TS125 verursachte mit zunehmender Belastungsdauer eine kontinuierliche Abnahme der Kleinwinkelkorngrenzen und eine Verschiebung hin zu höheren Missorientierungen, Abbildung 6.21a. Im Temperaturschock TS150 stellt sich der Sachverhalt etwas anders dar. Zwischen 1000 und 2000 Zyklen nehmen die Missorientierungen $<10°$ nicht weiter ab, jedoch erfolgt eine Zunahme der Missorientierungen $>10°$, Abbildung 6.21b.

Sowohl die Inpretation der Orientierungskarten als auch die Auswertung der Missorientierungsverteilungsfunktionen zeigen eine kontiniuerliche Veränderung der Kornstruktur mit zunehmender Belastungsdauer, so dass für den zugrunde liegenden Schadensmechanismus die kontinuierliche dynamische Rekristallisation identifiziert werden konnte.

Sie unterscheidet sich von den Beschreibungen der diskontinuierlichen Rekristallisation von [HW04; TBCS02], denn die beobachteten Veränderungen waren nicht geprägt von neuen Körnern mit hohen Missorientierungen zwischen $40°$ und $90°$, sondern durch eine allmähliche Zunahme der Anzahl von Korngrenzen und deren Missorientierungen. Derartige allmähliche Veränderungen der Kornstruktur wurden bereits in Untersuchungen anderer Autoren beschrieben [MMPKW10; KMMM03]. Die kontinuierliche Rekristallisation als Erklärungsmodell wurde jedoch bisher nur selten genannt. Während in [BJL+08; TBC06] dieser Mechanismus im Zusammenhang mit Untersuchungen an BGAs und Scherlapproben das erste Mal erwähnt wurde, wurden detaillierte Untersuchungen an BGAs in [BZB+11; BZB+12; ZBLL10] vorgestellt. Die beschriebenen Ergebnisse entsprechen den eigenen Untersuchungen an Chipwiderständen, wobei für eine vollständige Rekristallisation im Falle der BGAs deutlich mehr Zyklen notwendig waren als bei den hier untersuchten Widerständen.

Ausgangspunkt der kontinuierlichen dynamischen Rekristallisation stellen Versetzungen innerhalb des Materials dar, die durch plastische Verformung in den Werkstoff eingebracht werden. Dynamische Erholung führt zur Bildung von Subkörnern innerhalb verformter Körner, aus denen sich wiederum sukzessiv Körner bilden [GM03]. Zu Beginn sind die Missorientierungen sehr klein, ca. $1°$, und nehmen dann nach und nach zu, indem weitere Versetzungen in der Subkorngrenze akkumulieren [GM00]. Die sich ergebende Mikrostruktur ist eine Mischung aus Korn- und Subkornstruktur. Während klassischerweise Körner und Subkörner von Korn- und Subkorngrenzen umgeben sind, weist die Mikrostruktur eines kontinuierlich dynamisch rekristallisierten Materials dagegen eher eine Art Struktur aus Kristalliten auf, die teilweise von Korn- und teilweise von Subkorngrenzen umgeben sind [GM03]. Die Anzahl und Missorientierungen der Korngrenzen nehmen mit der Belastungsdauer zu [ZBLL10].

Innerhalb von Lötverbindungen bilden sich Korngrenzen aus Versetzungen aus, die einerseits bereits im Ausgangszustand vorhanden sind, andererseits durch die zyklischen Verformungen während der Temperaturwechseltests induziert werden. Zunächst ordnen sich Versetzungen in Kleinwinkelkorngrenzen an. Anschließend akkumulieren hier weitere Versetzungen, die eine Rotation der Subkörner und somit eine kontinuierliche Zunahme der Missorientierungen hervorruft. Sind die Missorientierungen groß genug, spricht man nicht mehr von Subkorngrenzen, sondern von Korngrenzen. Parallel zu diesen Prozessen bilden sich Risse aus, die sich interkristallin im Lot ausbreiten. Das Wachstum der Risse wird durch die Rekristallisation der Verbindungen begünstigt.

Abhängig von Bauelementgröße und Belastungsprofil – also damit verbunden der Höhe der sich akkumulierenden Dehnungen – unterscheiden sich die Schadensbilder in der Anzahl der Korngrenzen und deren Missorientierungen. Veranschaulicht wird dies in der Abbildung 6.22. In Abbildung 6.22a sind die Missorientierungsverteilungsfunktionen für 1206 Chipwiderstände nach 1000 Zyklen in drei unterschiedlichen Belastungsprofilen (TW125, TS125 und TS150) gezeigt. Im Temperaturschock werden pro Zyklus höhere Spannungen induziert als im langsameren Temperaturwechsel [VPDA09, S. 266]. Im TS150 werden wiederum auf Grund des höheren Temperaturunterschiedes größere Spannungen induziert als im TS125. Mit höherer Belastung schreitet die Rekristallisation stärker voran, was in der Missorientierungsverteilungsfunktion an einem geringeren Anteil an kleinen und einem höheren Anteil an größeren Missorientierungen zu erkennen ist.

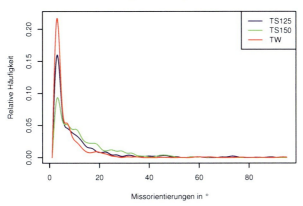

(a) 1206 Chipwiderstände nach 1000 Zyklen in unterschiedlichen Belastungsprofilen

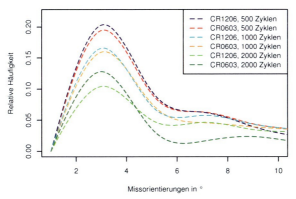

(b) Vergleich von 0603 und 1206 Widerständen im Temperaturschock TS125

Abbildung 6.22: Einfluss von Belastungsart und Bauelemengröße auf Missorientierungsverteilungsfunktionen

In der Abbildung 6.22b sind die Missorientierungsverteilungsfunktionen für 1206 und 0603 Chipwiderstände nach unterschiedlichen Belastungsdauern im TS125 dargestellt. Für eine bessere Übersichtlichkeit der Ergebnisse wurden in diesem Fall nur Missorientierungen im Bereich von

1° bis 10° geplottet. Der Fortschritt der Rekristallisation mit zunehmender Belastungsdauer ist auch hier durch den abnehmenden Anteil an kleineren und zunehmenden Anteil an größeren Missorientierungen zu erkennen. Dabei ist der Unterschied zwischen 0603 und 1206 Widerständen gering. Nach 1000 Zyklen zeigen die 1206 Widerstände einen leicht höheren Anteil an Missorientierungen größer als 6° im Vergleich zu den 0603 Widerständen. Nach 2000 Zyklen ist die Rekristallisation in den Verbindungen der 1206 Widerstände etwas stärker ausgeprägt – auch hier erkennbar an dem etwas geringeren Anteil an kleinen und dem etwas größeren Anteil an höheren Missorientierungen. Die geringen Unterschiede im Schädigungsverlauf trotz unterschiedlicher Bauelementgrößen lassen schlussfolgern, dass die aufgrund der Temperaturwechsel induzierten Dehnungen für beide untersuchten Bauteilgrößen ähnlich sind. Diese Beobachtung stimmt gut überein mit Berechnungen anderer Projekte, in denen gezeigt wurde, dass selbst für 0201 Chipwiderstände die Beanspruchung nahezu gleiche Werte erreicht wie in Verbindungen von 1206 Widerständen [VPDA09, S. 154].

Abschließend muss zum beschriebenen Schadensmechanismus ergänzt werden, dass in Werkstoffen, in denen kontinuierliche Rekristallisation auftritt, häufig nicht eindeutig unterschieden werden kann, ob es sich bei den Prozessen nun eher um ein Phänomen der Erholung handelt oder um Rekristallisation [HC96]. In [KMMM03] wurde beispielsweise beobachtet, dass Low-Cycle-Fatigue Experimente in SnAg-Lot zur Bildung von Subkorngrenzen führten, die entweder auf Rekristallisation oder Polygonisation zurückzuführen seien. Rekristallisation tritt bevorzugt in Materialien niedriger Stapelfehlerenergie auf, wohingegen Polygonisation in Materialien mit hoher Stapelfehlerengergie beobachtet wird. Da Zinn eine hohe Stapelfehlerenergie aufweist, wurde die Bildung von Subkorngrenzen durch Polygonisation erklärt [KMMM03]. Gleichzeitig heißt es in [GM03], dass Metalle mit hoher Stapelfehlerenergie stark zu Erholungsprozessen neigen, die dynamische Rekristallisation verhindern. Unter bestimmten Bedingungen (Belastungsgeschwindigkeit, Temperaturen, Materialzusammensetzung, Partikelverteilung, ...) kann jedoch Rekristallisation auftreten, so dass die Bildung von Korngrenzen beobachtet wird. In diesem Fall neigen Metalle mit hoher Stapelfehlerenergie unter hohen Temperaturen dazu zu rekristallisieren, und das eher kontinuierlich dynamisch als diskontinuierlich. Die in dieser Arbeit beobachteten Veränderungen in den Lötverbindungen der Chipwiderstände werden sowohl mit Prozessen der Erholung als auch mit Rekristallisation in Verbindung gebracht. Der Übergang von reiner Erholung zur kontinuierlichen Rekristallisation orientiert sich dabei an den Veränderungen der Missorientierungsverteilungsfunktionen, wie in [HC96] vorgeschlagen: Es wird definiert, dass Rekristallisation auftritt, wenn sich die Anzahl der Kleinwinkelkorngrenzen verringert zugunsten einer höheren Anzahl von Großwinkelkorngrenzen. Der Übergang von Erholung zu Rekristallisation ist dabei fließend. Im Abschnitt 4.1.3 wurde definiert, dass der Übergang von Kleinwinkel- zu Großwinkelkorngrenzen bei einer Missorientierung von 5° erfolgt. Würde man einen genauen Zeitpunkt für den Übergang von Erholung zu Rekristallisation bestimmen wollen, wäre die Definition einer Korngrenze von besonderer Bedeutung, denn diese würde das absolute Verhältnis der Anzahl von Kleinwinkel- zu Großwinkelkorngrenzen verändern. Auf den grundlegenden Mechanismus, wie er in diesem Kapitel beschrieben wurde, hat diese Definition jedoch keinen Einfluss.

6.5 Eignung der Daten für die Schadensanalyse

Neben einem besseren Verständnis der in Lötverbindungen durch thermomechanische Belastungen induzierten Schadensmechanismen wurde als Ziel dieser Arbeit eine eindeutige Korrelation der Schadensbilder zu den Belastungsprofilen angestrebt. Es sollten für jede einzelne Lötverbindung Parameter gewonnen werden, die eine eindeutige Aussage erlauben, mit welchem Belastungsprofil und wie lange diese Verbindung gealtert worden ist. Dies konnte durch eine rein phänomenologische Auswertung der Messergebnisse nicht erreicht werden. Auch die quantitative Auswertung verschiedener Parameter war nicht zielführend.

Bereits im Abschnitt 6.3.1 scheiterte der Versuch, die stark schwankenden Risslängen eindeutig mit Rissort, Belastungsart oder Belastungsdauer zu korrelieren. Ein weiteres Beispiel für die Schwankungen der Messgrößen zeigt Abbildung 6.23, in der die mittleren Korngrößen einzelner Verbindungen in Abhängigkeit von Zyklenzahl, Belastungsart, Bauelementtyp und Rissort dargestellt sind.

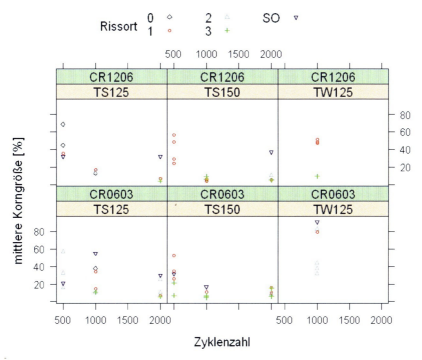

Abbildung 6.23: Korngrößen als Funktion von Zyklenzahl, Belastungsart und Bauelementtyp

Im folgenden Kapitel wird vorgestellt, wie Methoden der statistischen Mustererkennung, wie im Kapitel 3 vorgestellt, die Auswertung der Messergebnisse in der Art ermöglichen, dass eine eindeutige Korrelation zwischen Analyseergebnissen und Belastungssen hergestellt werden kann.

7 Statistische Klassifikation der Messdaten

Im vorangegangen Kapitel konnte gezeigt werden, dass die Analyse der Kornstrukturen mittels EBSD einen deutlichen Erkenntnisgewinn zur Beschreibung von Schadensmechanismen in Lötverbindungn liefern. Neben der werkstoffphysikalischen Interpretation der Schadensmechanismen erlauben EBSD-Messungen die Generierung quantitativ auswertbarer Messgrößen. Die Vielzahl diese Messgrößen und deren Schwankungen erschweren die Auswertung. Eine eindeutige Schadensanalyse an den untersuchten Lötverbindungen war daher nicht möglich.

In diesem Kapitel wird vorgestellt, wie Methoden der statistischen Mustererkennung eingesetzt werden können, um die Analyseergebnisse einer jeden einzelnen Lötverbindung eindeutig mit der Belastungsart und -dauer korrelieren zu können. Abschnitt 7.1 beschreibt, wie die Schadensanalyse an Lötverbindungen als Klassifikationsaufgabe definiert werden kann und erläutert, warum Support Vector Machines (SVMs) zur Lösung dieser Aufgabe geeignet sind. Die Definition der Merkmale für die Klassifikation wird in Abschnitt 7.2 zusammengefasst. Das Training der SVM erfolgte in R und wird in Abschnitt 7.3 erläutert. Anschließend werden die Ergebnisse der statistischen Modellbildung im Abschnitt 7.5 vorgestellt.

7.1 Methodik

Ziel dieser Arbeit ist es, Schliffe von Lötverbindungen lichtmikroskopisch und mittels EBSD derartig genau zu charakterisieren, dass man eine eindeutige Aussage darüber machen kann, wie und wie lange diese Verbindung gealtert worden ist. Dieses Ziel wird in diesem Kapitel mit Methoden der statistischen Mustererkennung umgesetzt. Zunächst wird die Schadensanalyse an Lötverbindungen als Klassifikationsaufgabe definiert. Basierend auf den unterschiedlichen Belastungsprofilen und Belastungszeiten der durchgeführten Versuche werden zehn Klassen definiert:

1. Ausgangszustand: AZ
2. Temperaturlagerung: TL125 nach 1000 Stunden
3. Temperaturlagerung: TL175 nach 1000 Stunden
4. Temperaturwechsel: TW125 nach 1000 Zyklen
5. Temperaturschock: TS125 nach 500 Zyklen
6. Temperaturschock: TS125 nach 1000 Zyklen
7. Temperaturschock: TS125 nach 2000 Zyklen
8. Temperaturschock: TS150 nach 500 Zyklen
9. Temperaturschock: TS150 nach 1000 Zyklen
10. Temperaturschock: TS150 nach 2000 Zyklen

Jede Lötverbindung wird durch einen Satz von Merkmalen beschrieben. Die Definition der Merkmale erfolgt in Abschnitt 7.2. Es soll nun ein Klassifikator angelernt werden, der auf Basis der definierten Merkmale jede Lötverbindung einer dieser zehn Klassen zuordnet und damit eine Aussage trifft, wie und wie lange diese gealtert wurde. Das Anlernen erfolgt mit Hilfe mehrerer Datensätze, die im Rahmen der in dieser Arbeit beschriebenen Zuverlässigkeitstests aufgenommen wurden. Die Anzahl der zur Verfügung stehenden Datensätze ist in Tabelle 7.1 dargestellt.

Tabelle 7.1: Übersicht über Umfänge der Datensätze

Klasse	Anzahl CR1206	Anzahl CR0603
Ausgangszustand	3	1
Temperaturlagerung $125\,°C$	4	6
Temperaturlagerung $175\,°C$	4	4
Temperaturwechsel $-40/125\,°C$	4	6
TS $-40/125\,°C$, 500 Zyklen	4	4
TS $-40/125\,°C$, 1000 Zyklen	4	6
TS $-40/125\,°C$, 2000 Zyklen	3	2
TS $-40/150\,°C$, 500 Zyklen	4	6
TS $-40/150\,°C$, 1000 Zyklen	4	2
TS $-40/150\,°C$, 2000 Zyklen	4	6

Im Abschnitt 3.2 wurde bereits argumentiert, dass die Klassifikation über Ermittlung einer Entscheidungsfunktion für die hier vorgestellte Anwendung am sinnvollsten ist. Dabei wurden drei Methoden vorgestellt: die Künstlichen Neuronalen Netze (ANNs), die Support Vector Machines (SVMs) und die Entscheidungsbäume.

Für die Umsetzung der Klassifikationsaufgabe wurden die Support Vector Machines gewählt. Sie bieten für die in dieser Arbeit vorgestellte Anwendung spezifische Vorteile. Wie Tabelle 7.1 zeigt, stehen nur eine kleine Anzahl von Datensätzen zur Verfügung. Auf Grund der zeitaufwändigen Datenaufnahme ist dies ein grundsätzliches Problem von Zuverlässigkeitsanalysen an Lötverbindungen. Daher muss neben der Genauigkeit der Klassifikation der Trainingsdaten ein großes Augenmerk auf die Komplexität des Klassifikators gelegt werden, um Overfitting zu vermeiden. Durch die direkte Implementierung der strukturellen Risikominimierung bieten die SVMs den Vorteil, dass simultan der Fehler auf den Trainingsdaten sowie der erwartete Fehler auf neue, unbekannte Datensätze minimiert werden. SVMs sind somit weniger anfällig für Overfittung als ANNS und Entscheidungsbäume [KRS11, S. 224].

Bezüglich der Vorgehensweise in der Optimierung bieten SVMs den Vorteil, dass keine Vorkenntnisse über die zu klassifizierenden Daten und die Art der vorkommenden Lösungen der Klassifikationsaufgabe benötigt werden. Der Optimierungsaufwand für den Anwender beschränkt sich auf das Finden der richtigen Parameter der SVM, bei denen es sich vollständig um reelle Zahlen handelt. Eine derartige Optimierung ist auch softwaretechnisch einfach umzusetzen. Im Falle der ANNs und der Entscheidungsbäume dagegen sind vom Nutzer z. B. Angaben über deren Struktur zu machen, was deutlich mehr Erfahrung benötigt und weniger einfach zu automatisieren ist. Weiterhin ist beim Einsatz von SVMs garantiert, dass man bei der Suche nach der optimalen Entscheidungsfunktion eine globale Lösung findet, da es sich beim Algorithmus der SVM um ein konvexes Optimierungsproblem handelt. Der Backpropagation of Error der ANNs dagegen findet als Gradientenabstiegsverfahren unter Umständen nur ein lokales Minimum [Apo10].

Zusammengefasst bieten SVMs die Möglichkeit, einen Klassifikator zu finden, der auch bei kleinen Datenmengen einen kleinen Trainingsfehler erreicht bei gleichzeitiger guter Generalisierungsfähigkeit und einfacher Optimierung durch den Anwender.

7.2 Initiale Auswahl der Merkmale

Auf Basis der Beobachtungen zu den Schadensmechanismen, die in Kapitel 6 vorgestellt wurden, wurden Merkmale festgelegt, die für die Charakterisierung der Lötverbindungen und der Schadensmechanismen geeignet und quantitativ erfassbar sind. Die gravierendsten Veränderungen zeigten die Lötverbindungen unter Temperaturwechselbelastungen durch das Entstehen neuer Körner. Mit Hilfe der EBSD-Software automatisch und einfach generierbare Statistiken zur Beschreibung der Kornstruktur umfassen die Korngröße, die Form der Körner (Aspect Ratio), die mittleren Missorientierungen innerhalb einzelner Körner sowie Missorientierungsverteilungsfunktionen über die gesamte Verbindung. Darüber hinaus können in der lichtmikroskopischen Bewertung die Risslänge und die Dicke der intermetallischen Grenzschicht zwischen Lot und Substratmetallisierung quantitativ ermittelt werden. Die Statistiken über Korngrößen, Aspect Ratio und mittlerer Missorientierung pro Korn, die von der EBSD-Software ausgegeben werden, enthalten Absolutwerte. Das bedeutet, dass die Anzahl der Werte abhängig ist von der Anzahl der Körner, die sich wiederum von Lötverbindung zu Lötverbindung unterscheidet. Um für die Datenklassifikation für jede Lötverbindung die gleiche Menge an Merkmalen zu erhalten, wurden aus den Absolutwerten deren Verteilungen ermittelt. Mehrere Perzentile (jeweils $p_{0,02}$; $p_{0,05}$; $p_{0,1}$; $p_{0,25}$; $p_{0,5}$; $p_{0,75}$; $p_{0,9}$; $p_{0,95}$; $p_{0,98}$) dieser Verteilungen wurden dann als Merkmale für die Klassifikation herangezogen. Die Ermittlung der Verteilungen der einzelnen Größen, basierend auf den diskreten Messwerten, erfolgte in der Software R mit Hilfe der Funktion ecdf() [Wol12, S. 92-93], die eine Ermittlung der empirischen Verteilungsfunktion einer Variable ermöglicht. Im Falle der Korngrößen wurde die Funktion ecdf() nicht auf die Absolutwerte angewandt. Anstatt dessen wurden Relativgrößen bestimmt, die die Größe der einzelnen Körner in Bezug zur gemessenen Gesamtfläche setzte. Somit sollte insbesondere bei nur teilweise rekristallisierten Proben der Einfluss der Größe (schwankende Lotvolumina) ausgeblendet werden. Zwei Beispiele für EBSD-Mappings mit den dazugehörigen empirischen Verteilungsfunktionen der relativen Korngröße zeigt Abbildung 7.1.

Insgesamt ergibt sich für jede Lötverbindung ein Merkmalsvektor mit insgesamt 85 Merkmalen. Diese werden im weiteren Verlauf meist einfach als Zahlen 1...85 dargestellt, um übersichtliche Darstellungen von Ergebnissen zu ermöglichen. Tabelle 7.2 enthält eine Übersicht der Merkmale mit den zugehörigen Nummern.

Tabelle 7.2: Elemente des Merkmalsvektors einer jeden Lötverbindung

Nummer	Merkmal
1,2,3	Minimum, Mittelwert und Maximum der relativen Korngröße
4...12	Perzentile der ecdf-Verteilung der relativen Korngröße
13,14,15	Minimum, Mittelwert und Maximum der Missorientierung innerhalb einzelner Körner
16...24	Perzentile der ecdf-Verteilung der Missorientierung innerhalb einzelner Körner
25,26,27	Minimum, Mittelwert und Maximum des Aspektverhältnisses der Körner
28...36	Perzentile der ecdf-Verteilung der Aspektverhältnisse der Körner
37	Dicke der intermetallischen Grenzschicht zwischen Lot und Substrat
38	relative Risslänge
39...85	Werte der diskreten Missorientierungsverteilungsfunktion von $3°$ bis $95°$ im Intervall von $2°$

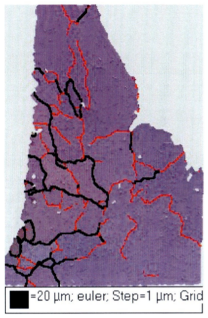

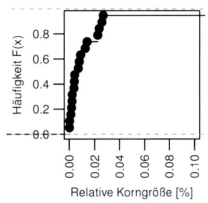

TS125, 500 Zyklen

(a) EBSD-Mapping in Eulerwinkeldarstellung, CR1206 500 Zyklen TS125

(b) Verteilungsfunktion für Beispiel Abbildung 7.1a

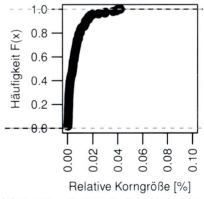

TS125, 2000 Zyklen

(c) EBSD-Mapping in Eulerwinkeldarstellung, CR1206 2000 Zyklen TS125

(d) Verteilungsfunktion für Beispiel Abbildung 7.1c

Abbildung 7.1: Zwei Beispiele für empirische Verteilungsfunktion der relativen Korngrößen.

7.3 Training der SVM in der Programmiersprache R

Die statistische Auswertung und Klassifikation mittels SVMs wurde in R umgesetzt. Bei R handelt es sich um eine Open Source Software [Lig08, S. 1], die eine Programmiersprache und -umgebung für statistische und grafische Datenanalysen bereitstellt [Hor13]. Grundlagen zur Installation und Arbeitsweise sowie zur Programmiersprache selbst findet man in einer Vielzahl von Veröffentlichungen, z. B. [Adl10; Gro10; Lig08; Tea08; Wol12]. R besteht aus einem Grundsystem und einem Paketsystem. Mit Hilfe von Paketen kann das Grundsystem einfach um viele Funktionen erweitert werden [Lig08, S. 193-194].

Es gibt vier Pakete, die Algorithmen zum Einatz von SVMs in R implementieren [KMH06]:

- **e1071** [MDH$^+$12]
- **kernlab** [KSI I12]
- **klaR** [RRL$^+$12]
- **svmpath** [Has12]

In dieser Arbeit wurde die SVM-Optimierung mit dem Paket **e1071** umgesetzt. Dieses Paket beinhaltet mit der Funktion svm() eine robuste Schnittstelle zur **libsvm** Bibliothek. **libsvm** implementiert die gebräuchlichsten SVM-Methoden und enthält die am häufigsten verwendeten Kernfunktionen. Es bietet mit tune() eine hilfreiche Funktion zur Modelloptimierung [KMH06]. Methoden für grafische Darstellungen und zur Genauigkeitsabschätzung z. B. mittels Kreuzvalidierung sind vorhanden. Das Paket **klaR** bietet gegenüber **e1071** den Vorteil, dass der Nutzer eigene Kernfunktionen definieren kann, hat aber den Nachteil, dass eine tuning-Funktion zur Modelloptimierung fehlt [KMH06]. Die Pakete **kernlab** und **svmpath** bieten beide deutlich weniger Möglichkeiten für den Nutzer als **e1071** und **klaR** [KMH06].

SVMs stellen ursprünglich binäre Klassifikatoren dar. Das Paket **e1071** ermöglicht auch die Klassifikation über mehr als zwei Klassen gleichzeitig, die sog. Multiklassifikation. Hierzu verwendet **libsvm** das one-against-one Verfahren [KMH06]. Diese Methode konstruiert für k Klassen $\frac{k(k-1)}{2}$ binäre Klassifikatoren [HL02]. Für einen neu zu klassizierenden Datensatz $\mathbf{x}_{neu}$ wird der Wert jeder der $\frac{k(k-1)}{2}$ Entscheidungsfunktionen berechnet. Jeder dieser Schritte ergibt eine Klassenzuordnung. Wird z. B. in einem dieser Schritte der Datensatz einer Klasse k_1 zugeordnet, erhält diese einen Punkt. Es werden $\frac{k(k-1)}{2}$ Punkte auf k Klassen verteilt. $\mathbf{x}_{neu}$ wird nun derjenigen Klasse zugewiesen, die die meisten Punkte hat [Mon05, S. 25-27]. In [HL02] wurde gezeigt, dass das one-against-one Verfahren für Multiklassifikation in der Praxis gut geeignet ist.

Im folgenden werden die beiden für diese Arbeit am häufigsten eingesetzten Befehle svm() und tune.svm() kurz erläutert. Mit dem Befehl svm() kann eine SVM trainiert werden. Mit tune.svm() kann eine Parametersuche zur Optimierung einer SVM durchgeführt werden. Als Eingangsvariablen für beide Funktionen dienen u. a. folgende Größen [MDH$^+$12]:

- x: Merkmalsvektor oder Matrix aus mehreren Merkmalsvektoren
- y: Vektor mit den zu x zugehörigen Klassen
- scale: Ist scale=1 werden die Merkmalsvektoren automatisch skaliert auf Mittelwert 0 und Varianz 1.
- kernel: definiert, welche Kernfunktion zum Training verwendet wird. Zur Auswahl stehen ein linearer Kern, eine Polynomfunktion, die Radial-Basisfunktion sowie die Sigmoidfunktion, die alle in Abschnitt 3.2.3 vorgestellt wurden.
- gamma: Parameter, der für alle Kernfunktionen außer der linearen benötigt wird (siehe Abschnitte 3.2.3 und 7.1)
- cost: Kostengewicht (siehe Abschnitte 3.2.3 und 7.1)

- cross: wird cross definiert mit einer ganzen Zahl $k > 0$, wird eine k-fache Kreuzvalidierung durchgeführt (siehe Abschnitte 3.3.2 und 7.1)

In der Funktion svm() wird für die beiden SVM-Parameter gamma und cost ein einzelnes Wertepaar angegeben. Als Ausgabe erhält man die Anzahl der ermittelten Stützvektoren der SVM und die mittlere Klassifikationsgenauigkeit in der Kreuzvalidierung. In tune.svm() können für gamma und cost Definitionsbereiche z. B. in der Form C = $2^{-5}, 2^{-3}, \ldots, 2^{15}$, $\gamma = 2^{-15}, 2^{-13}, \ldots, 2^3$ angegeben werden. tune.svm() testet dann alle Kombinationen von gamma und cost und ermittelt die zugehörigen Klassifikationsfehler.

7.4 Gesamtablauf der Mustererkennung

Nachdem nun die wichtigsten Befehle und Begriffe für die Umsetzung der Klassifikationsaufgabe definiert wurden, kann der Gesamtablauf mit der Darstellung der einzelnen Schritte zur Optimierung der SVM inklusive der definierten Merkmale und Klassen dargestellt werden. Dies ist anschaulich in Abbildung 7.2 gezeigt.
Ausgehend von den durchgeführten Belastungstests wurden Klassen definiert. Ergebnisse aus lichtmikroskopischen Analysen und den EBSD-Messungen dienten der Definition von Merkmalen, die die Lötverbindungen beschreiben und als Eingangsgrößen für die SVMs herangezogen wurden. Nachdem die Merkmale der Lötverbindungen gewonnen wurden, müssen die Parameter der SVM gefunden werden, die diese Merkmale korrekt den Klassen zuordnen. Dies erfolgt in R unter Verwendung der Befehle svm() und tune.svm(). In beiden Fällen wird eine *leave-one-out* Kreuzvalidierung durchgeführt. Das Ergebnis der Optimierung ist eine Angabe der mittleren Klassifikationsgenauigkeit in der Kreuzvalidierung. Diese kann bei Bedarf durch Methoden der Merkmalsselektion verbessert werden, wobei in dieser Arbeit hierfür die sequential forward selection (SFS) gewählt wurde. Für die Optimierung einer SVM selbst wird in [HCL10] für den Anwender folgende Vorgehensweise vorgeschlagen:

- Datensatz in ein Format packen, das für SVM Software geeignet ist, d. h. Daten müssen als Vektoren reeller Zahlen vorliegen. Dies ist bereits durch die Definition der Merkmalsvektoren geschehen.
- Daten skalieren
    - Das Skalieren von Daten verhindert, dass Daten während der Klassifikation unterschiedlich stark gewichtet werden, weil sie unterschiedlichen Wertebereichen entstammen.
    - Empfohlen wird lineares Skalieren auf einen Wertebereich von [-1,1] oder [0,1].
    - Das Skalieren eines Merkmals muss mit den gleichen Faktoren für alle Merkmalsvektoren im Datensatz durchgeführt werden. Wird also z. B. ein Datensatz im Bereich [-10,+10] auf [-1,+1] skaliert, so muss die Skalierung eines anderen Datensatzes [-11,+8] folgendermaßen aussehen: [-1.1, +0.8]; also Skalierung um Faktor 10.
    - Das Skalieren erfolgt in R automatisch auf Mittelwert 0 und Varianz 1 durch Setzen der Option scale=1 in den Befehlen svm() und tune.svm().
- Training der SVM unter Verwendung der Radial-Basisfunktion als Kernfunktion $K(\mathbf{x}, \mathbf{y}) = e^{-\gamma \|\mathbf{x} - \mathbf{y}\|^2}$ und Durchführung einer Kreuz-Validierung, um die besten Parameter C und γ zu finden
    - C und γ sind zu Beginn der Klassifikation nicht bekannt.
    - C und γ sollen durch einen überwachten Lernprozess bestimmt werden, so dass der Trainingsfehler klein und die Generalisierungsfähigkeit hoch ist.

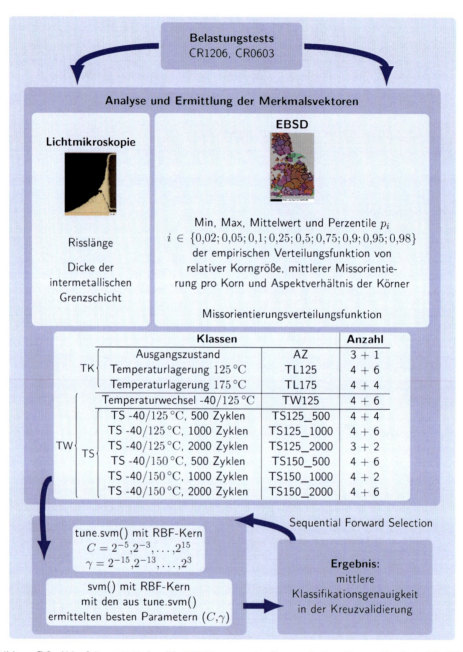

Abbildung 7.2: Ablauf der statistischen Modellbildung von der Datenaufnahme bis zum Ergebnis. TS, TK und TW dienen als Abkürzungen für spätere Darstellungen. Die Spalte Anzahl zeigt die Anzahl der für die Klassifikation zur Verfügung stehenden Datensätze (CR1206 + CR0603).

- Durchführung einer Rastersuche, in der verschiedene Kombinationen von (C, γ) getestet werden. Als Ergebnis werden diejenigen Werte von (C, γ) herangezogen, die die höchste Genauigkeit in einer k-fachen Kreuzvalidierung erreichen. Vorgeschlagen wird eine exponentiell ansteigende Sequenz für C und γ z. B. in der Form $C = 2^{-5}, 2^{-3}, \ldots, 2^{15}$, $\gamma = 2^{-15}, 2^{-13}, \ldots, 2^{3}$.
- Die Rastersuche kann in R einfach mit dem Befehl tune.svm() umgesetzt werden.

Wie im Abschnitt 3.3.2 dargestellt, ist die Kreuzvalidierung ein häufig eingesetztes Verfahren zur Bewertung der Generalisierungsfähigkeit eines Klassifikators. Die *leave-one-out* Kreuzvalidierung wurde für die Optimierung der SVMs in dieser Arbeit gewählt, da die Anzahl der Daten gering ist. Liegen z. B. 10 Datensätze vor, werden 10 Trainingsdurchläufe durchgeführt, in denen jeweils 9 Datensätze zum Training verwendet werden und einer zum Testen. In jedem Durchlauf wird eine andere Kombination von Datensätzen zum Training herangezogen und es wird eine Kombination aus C und γ ermittelt, die im Training die geringsten Klassifikationsfehler liefert. Mit dieser Kombination wird dann in jedem Durchlauf geprüft, ob der aktuelle Testdatensatz, dessen Klasse nicht vorgegeben wird, richtig klassifiziert wird. So kann für jedes Wertepaar (C, γ) eine mittlere Klassifikationsgenauigkeit in der Kreuzvalidierung bestimmt werden, die aussagt, in wieviel % der 10 Testdurchläufe der jeweilige Testdatensatz richtig klassifiziert wurde. Das Endergebnis der SVM-Optimierung ist dann dasjenige Wertepaar (C, γ), das in allen k Einzeldurchläufen der Kreuzvalidierung die besten Ergebnisse auf den Trainingsdaten als auch die höchste mittlere Klassifikationsgenauigkeit über alle k Testdurchläufe liefert.

Mit der sequential forward selection (SFS) können die Ergebnisse weiter verbessert werden. Alternativ kann bei gleicher Genauigkeit eine Verringerung der Anzahl der für die Klassifikation erforderlichen Merkmale erstrebenswert sein. In der SFS werden im ersten Schritt die Ergebnisse der Kreuzvalidierung für jedes einzelne Merkmal bestimmt. Das Merkmal mit der höchsten Genauigkeit wird im zweiten Schritt mit den anderen Merkmalen kombiniert, so dass ein Merkmalvektor aus zwei Merkmalen entsteht. Die beste Kombination wird dann mit einem weiteren Merkmal ergänzt. Dieses Vorgehen wurde solange fortgeführt, bis eine zufriedenstellende Genauigkeit in der Kreuzvalidierung erreicht war.

7.5 Ergebnisse

Die im Folgenden vorgestellten Ergebnisse der Klassifikation mittels SVM sind in den Abbildungen 7.3 und 7.4 übersichtlich dargestellt. Grundsätzlich wird in den Abbildungen unterschieden in Modelle mit Multiklassifikation (blaue Felder) und binärer Klassifikation (rote Felder). In jedem Feld werden die Klassen genannt, dann die Ergebnisse der Kreuzvalidierung unter Einsatz aller Merkmale. Im unteren Bereich eines jeden Feldes stehen dann die Ergebnisse der Kreuzvalidierung, die durch Merkmalsselektion erreicht wurden.

Als Ergebnis der Kreuzvalidierung werden jeweils die SVM-Parameter (C, γ) angegeben, die die höchste Genauigkeit in der Klassifikation der Testdaten liefert (angegeben in % richtig klassifizierten Testdaten in k Durchläufe der k-fachen Kreuzvalidierung). Für die Schadensanalyse an Lötverbindungen bedeutet dies konkret, dass bei einer Genauigkeit von 90% in der Kreuzvalidierung für 9 von 10 Lötverbindungen die richtige Aussage über Art und Dauer der Belastung, die diese Verbindung erfahren hat, getroffen würde, ohne dass diese im Vorfeld bekannt gewesen wäre.

Ausgangspunkt der Klassifikationsaufgabe stellen die in Abbildung 7.2 gezeigten zehn Klassen dar. Zunächst wurde versucht, eine Klassifikation über alle zehn Klassen gleichzeitig durchzuführen. Unter Verwendung aller Variablen ergaben sich in der Kreuzvalidierung Genauigkeiten von 41% für 1206 Widerstände und 47,6% für 0603 Widerstände. Durch sequential forward selection (SFS) konnte das Ergebnis für die 1206 Widerstände mit den Merkmalen (27,27,12,37) verbessert werden auf 76,9%. Die Genauigkeit für die 0603 Widerstände ergab sich mit den Merkmalen (19,20,21,30,62,73) zu 85,7%. Die zugehörigen Parameter des SVM-Modelles können den obersten Feldern der Abbildungen 7.3 und 7.4 entnommen werden.

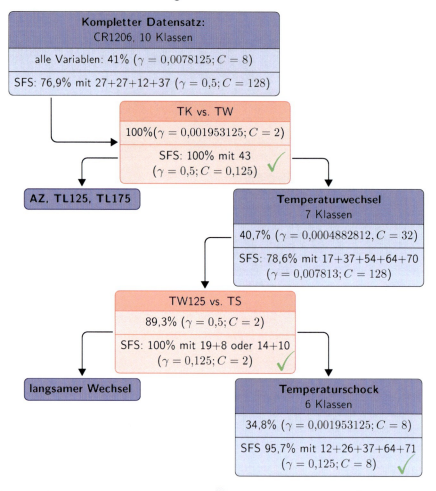

Abbildung 7.3: Ergebnisse der SVM-Berechnungen für 1206 Widerstände. Rot: binäre Klassifikation; Blau: Multiklassifikation. Oberes Feld: Verwendung aller 85 Merkmale; unteres Feld: Ergebnisse nach sequential forward selection (SFS).

Zur weiteren Verbesserung der Ergebnisse wurde die Klassifikationsaufgabe in mehrere Teilschritte zerlegt.

Der erste Teilschritt wurde definiert anhand der werkstoffphysikalischen Beobachtungen. Demnach waren Lötverbindungen im Ausgangszustand und nach Temperaturlagerungen nach der in dieser Arbeit vorgenommenen Definition einkörnig, während Verbindungen nach Temperaturwechsel mehrere Körner aufwiesen. Es wurde eine Klasse TK definiert, die alle Elemente der ursprünglichen Klassen AZ, TL125 und TL175 enthielt. Eine zweite Klasse TW enthielt alle Elemente der ursprünglichen sieben Klassen von Temperaturwechselbelastungen. Die Unterscheidung zwischen TK und TW könnte auch manuell durchgeführt werden, da bereits die werkstoffphysikalische Unterscheidung eindeutig war. Um die Fähigkeit der SVM einzuschätzen, wurde jedoch auch dieser Schritt durch eine SVM umgesetzt. Sowohl für die 1206 Widerstände als auch für die 0603 Widerstände wurde für diese binäre Klassifikation eine Genauigkeit von 100% erreicht. Unter Verwendung aller Merkmale ergaben sich SVM-Parameter von $\gamma = 0,001953125$

und $C = 2$ für die 1206 Widerstände sowie $\gamma = 0{,}03125$ und $C = 2$ für die 0603 Widerstände. Die SFS zeigte, dass nur einer der 85 Merkmale notwendig ist, um eine Genauigkeit von 100% zu erreichen. Im Falle der 1206 Widerstände gelang dies mit den Merkmalen 43 und 13. Die SVM-Parameter ändern sich leicht, wenn nur ein einzelnes Merkmal herangezogen wird, zu $\gamma = 0{,}5$ und $C = 0{,}125$ mit Merkmal 43 sowie $\gamma = 8$ und $C = 2$ für Merkmal 13. In der Ergebnisdarstellung in Abbildung 7.3 werden nicht immer alle möglichen Lösungen gezeigt. Bei der Unterscheidung TK versus TW wird z. B. nur das Ergebnis 43 für die SFS angegeben. Wenn es mehrere Lösungen gibt, die die gleiche Genauigkeit in der Kreuzvalidierung ergaben, wird diejenige Lösung angegeben, die die besseren Werte für γ und C enthält. Als besser sind hier jeweils kleinere Werte anzunehmen, da ein Modell mit kleineren Werten für γ und C eine noch bessere Generalisierungsfähigkeit besitzt.

Für die 0603 Widerstände erreichen ingesamt 24 Merkmale einzeln verwendet bereits eine Genauigkeit von 100%. Auch die Merkmale 13 und 43, die die Lösung für die 1206-Widerstände darstellten, gehören dazu. Auch hier ändern sich die SVM-Parameter leicht; im Falle von Merkmal 43 zu $\gamma = 2$ und $C = 0{,}125$.

Nach der Unterteilung in die Klassen TK und TW müssen diese nun weiter zerlegt werden. Für die Elemente AZ, TL125 und TL175 wurde auf eine weitere SVM-Modellierung verzichtet, da die werkstoffphysikalischen Ergebnisse für eine Unterscheidung ausreichen und in der Praxis Temperaturwechselbelastungen von größerer Relevanz sind. In der werkstoffphysikalischen Unterscheidung der Klassen AZ, TL125 und TL175 ist besonders die Dicke und Form der intermetallischen Grenzschicht zwischen Lot und Substrat zur Unterscheidung geeignet.

Bei den Temperaturwechseln müssen nun noch sieben Klassen zugeordnet werden. Auch für diesen Schritt wurde zunächst die Genauigkeit in einem Multiklassifikationsschritt bestimmt. Für die detaillierten Werte der SVM-Modelle wird an dieser Stelle auf die Abbildungen 7.3 und 7.4 verwiesen. Erwähnenswert ist jedoch, dass das Ergebnis dieser zweiten Multiklassifikation mit sieben Klassen bereits deutlich besser ist als die Multiklassifikation mit zehn Klassen. Für die 1206 Widerstände erreicht die SFS eine Genauigkeit in der Kreuzvalidierung von 78,6%; für die 0603 Widerstände sogar 90,6%.

Zur weiteren Verbesserung der Klassifikationsgenauigkeit wurde auf die sieben Klassen des Temperaturwechsels eine binäre Klassifikation angewandt, die unterscheiden sollte zwischen Proben aus dem langsamen Temperaturwechsel (TW125) und den sechs Temperaturschock-Klassen (zusammengefasst mit TS). Die Unterscheidung zwischen TW125 und TS gelang durch den Einsatz von SFS mit einer Genauigkeit von 100%. Für die 1206 Widerstände wird dies erreicht mit einer Kombination aus den Merkmalen 8 und 19 oder 10 und 14, jeweils mit den SVM-Parametern $\gamma = 0{,}125$ und $C = 2$. Bei den 0603 Widerständen ergibt die Kombination aus den Merkmalen 1 und 31 die höchste Genauigkeit mit den SVM-Parametern $\gamma = 0{,}03125$ und $C = 512$.

Als nächstes müssen nun die sechs Temperaturschock-Klassen unterschieden werden. In einer Multiklassifikation mit allen sechs Klassen werden durch SFS Genauigkeiten von 95,7% für die 1206 Widerstände und von 96,2% für die 0603 Widerstände erreicht. Die Merkmalskombination für das beste Ergebnis der 1206 Widerstände lautet (12,26,37,64,71) mit den SVM-Parametern $\gamma = 0{,}125$ und $C = 8$. Bei den 0603 Widerständen liefert die Merkmalskombination (5,8,19,30,37,62) mit den SVM-Parametern $\gamma = 0{,}03125$ und $C = 128$ das beste Ergebnis.

Weitere binäre Klassifikationsschritte wurden nach diesen Ergebnissen nicht mehr ergänzt. Klassifikationsgenauigkeiten von >95% wurden als ausreichend angesehen.

Die gesamte Klassifikationsaufgabe wurde sowohl für die 1206 als auch für die 0603 Widerstände gelöst, indem zunächst unterschieden wurde zwischen Proben ohne Großwinkelkorngrenzen (TK=AZ,TL125,TL175) und mehrkörnigen (temperaturwechselbelasteten) Proben. Nachdem eindeutig bestimmt wurde, welche Proben durch Temperaturwechsel belastet wurden, wurde diese Messungen weiter unterteilt in Proben, die langsame Temperaturwechsel erfahren hatten, und solche, die mit Temperaturschocks gealtert wurden. Im letzten Schritt wurde dann in der Multiklassifikation die Zuordnung zu den beiden unterschiedlichen Temperaturschockprofilen mit den jeweiligen unterschiedlichen Belastungszeiten durchgeführt.

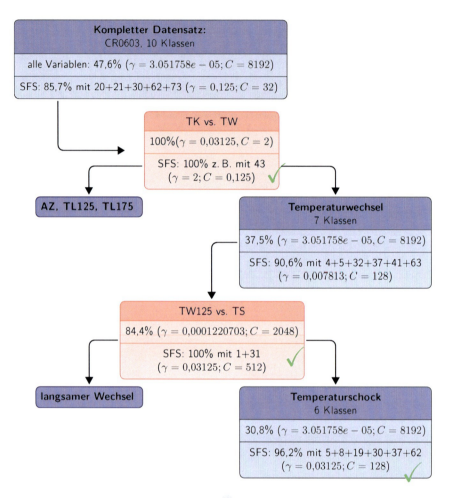

Abbildung 7.4: Ergebnisse der SVM-Berechnungen für 0603 Widerstände. Rot: binäre Klassifikation; Blau: Multiklassifikation. Oberes Feld: Verwendung aller 85 Merkmale; unteres Feld: Ergebnisse nach sequential forward selection (SFS).

In den bisherigen Ergebnisdarstellungen wurden die durch SFS ermittelten Merkmale lediglich durch die Zahlencodierung angegeben. In den Tabellen 7.3 und 7.4 ist ergänzend die physikalische Bedeutung der Merkmale dargestellt. Daraus wird ersichtlich, dass die physikalische Interpretation der Merkmale, die gute Ergebnisse in der Klassifikation lieferten, keine aussagekräftigen Gesetzmäßigkeiten zuließ. Alle Merkmale (Größe und Aspektverhältnisse der Körner sowie Missorientierungen) sind vertreten und stachen in der Klassifikation nicht hervor. Lediglich das Merkmal 37 war auffällig häufig vertreten, die Dicke der intermetallischen Grenzschicht zwischen Lot und Substrat. Es war jedoch lediglich ein Merkmal, das die Klassifikationsgenauigkeit in Kombination mit anderen Merkmalen verbesserte. Als einzelnes Merkmal herangezogen lieferte diese Größe keine besseren Ergebnisse als andere Merkmale.

Tabelle 7.3: Zuordnung der physikalischen Bedeutung der durch SFS ermittelten Merkmale für die 1206 Chip-widerstände, vergleiche Abbildung 7.3

8; 10; 12	Perzentile $p_{0,5}$; $p_{0,9}$; $p_{0,98}$ der ecdf-Verteilung der relativen Korngröße
17	Perzentil $p_{0,05}$ der ecdf-Verteilung der Missorientierung innerhalb einzelner Körner
26; 27	Mittelwert und Maximum der Aspektverhältnisse der Körner
30; 31; 32	Perzentile $p_{0,1}$; $p_{0,25}$; $p_{0,5}$ der ecdf-Verteilung des Aspektverhältnisses der Körner
37	Dicke der intermetallischen Grenzschicht zwischen Lot und Substrat
43; 54; 64; 71	Werte der diskreten Missorientierungsverteilungsfunktion bei $11°$; $33°$; $53°$; $65°$

Tabelle 7.4: Zuordnung der physikalischen Bedeutung der durch SFS ermittelten Merkmale für die 0603 Chip-widerstände, vergleiche Abbildung 7.4

1	minimale relative Korngröße
4; 5; 8	Perzentile $p_{0,02}$; $p_{0,05}$; $p_{0,5}$ der ecdf-Verteilung der relativen Korngröße
19; 20; 21	Perzentile $p_{0,25}$; $p_{0,5}$; $p_{0,75}$ der ecdf-Verteilung der Missorientierung innerhalb einzelner Körner
30; 31; 32	Perzentile $p_{0,1}$; $p_{0,25}$; $p_{0,5}$ der ecdf-Verteilung des Aspektverhältnisses der Körner
37	Dicke der intermetallischen Grenzschicht zwischen Lot und Substrat
41; 43; 62; 63; 73	Werte der diskreten Missorientierungsverteilungsfunktion bei $7°$; $11°$; $49°$; $51°$; $71°$

7.6 Diskussion

Die Ausführungen in diesem Kapitel zeigen, dass mit Hilfe der statistischen Mustererkennung eine eindeutige Korrelation eines Analyseergebnisses zu der Belastung einer Lötverbindung hergestellt werden kann. Es wurden sehr hohe Genauigkeiten in der Kreuzvalidierung erreicht. Dies zeigt, dass nicht nur die Trainingsdaten mit hoher Genauigkeit klassifiziert werden, sondern dass die abgeleiteten Klassifikatoren auch gute Generalisierungseigenschaften besitzen.

In der Multiklassifikation über alle zehn definierten Klassen konnten keine zufriedenstellenden Ergebnisse erreicht werden. Zwei Zwischenschritte waren erforderlich, um letztendlich alle Klassen diskriminieren zu können. Die Struktur der Ergebnisse, wie sie in den Abbildungen 7.3 und 7.4 gezeigt sind, stellen dann im Kern Entscheidungsbäume dar. Die Zerlegung in Teilschritte erfolgte jedoch durch Nutzervorgaben, nicht durch hinterlegte automatisierte Algorithmen, wie sie im Abschnitt 3.2.4 vorgestellt wurden. Die Kombination von SVMs und Entscheidungsbäumen wurde auch in Anwendungen der Bilderkennung beschrieben, z. B. in [MGC09]. Auch in [SMS99] wird die Anwendung von Expertenwissen zur Verbesserung der Qualität von Standard-SVMs vorgeschlagen.

Weiterhin lässt sich feststellen, dass eine Vielzahl von Merkmalen zur Beschreibung jeder Lötverbindung generiert werden konnte. Die besten Ergebnisse wurden jedoch nicht erreicht mit der maximalen Anzahl von Merkmalen, sondern mit einer sehr geringen Anzahl, die durch sequential forward selection ermittelt wurde. Die Beobachtung, dass die Güte eines Klassifikators zunächst mit steigender Anzahl von Merkmalen zunimmt und dann wieder abnimmt, wird häufig gemacht in Anwendungen mit einer geringen Anzahl von Datensätzen [JDM00]. Man spricht vom sog. Peaking-Phänomen [Han09].

Durch die geringe Anzahl an Trainingsdaten ist es demnach auch in dieser Arbeit nicht ungewöhnlich, dass die Anzahl an Merkmalen zur Klassifikation durch ein Verfahren wie der sequential forward selection reduziert werden muss, um die Ergebnisse zu verbessern. Auffällig ist jedoch, dass für die unterschiedlichen Teilschritte in der Klassifikation unterschiedliche Merkmale zum besten Ergebnis führen und dass für die Klassifikation der Messungen an den 1206 Widerständen andere Merkmale herangezogen werden als bei den 0603 Widerständen. Aus technologischer Sicht wäre es wünschenswert gewesen, wenn es für die Klassifikation einige markante Merkmale gegeben hätte, die Raum für werkstoffphysikalische Interpretationen zugelassen hätten. Da dies nicht der Fall ist, bleibt der SVM-Klassifikator ein rein statistisches und für viele Anwender damit sehr abstraktes Modell.

Die Möglichkeit, Analyseergebnisse an Lötverbindung mit Genauigkeiten von über 95% zur Art und Dauer der Belastung zuordnen zu können, eröffnet jedoch eine Vielzahl an weiteren Möglichkeiten, die werkstoffphysikalische Interpretationen ergänzen können.

Die Ergebnisse der SVM-Berechnungen sind trotz der geringen Datenmengen erstaunlich gut. Neben einer hohen Klassifikationsgenauigkeit auf den Trainingsdaten war auch angestrebt, ein Modell mit guter Generalisierungsfähigkeit zu entwickeln. Der erste Schritt, dieses Ziel zu erreichen, beinhaltete die Wahl der SVMs als Klassifikationsmethode. SVMs implementieren direkt die strukturelle Risikominimierung und streben somit eine gute Generalisierungsfähigkeit an, indem die Komplexität eines Klassifikators immer automatisch Bestandteil der Optimierung ist. Weiterhin wurde die Kreuzvalidierung zur Optimierung und -bewertung der Klassifikatoren eingesetzt. Dies ist eine anerkannte und empfohlene Vorgehensweise, siehe z.B. [IWGG08]. In einigen Veröffentlichungen zu den Methoden der Mustererkennung wird dieses Verfahren jedoch für die Anwendung mit sehr kleinen Datensätzen auch infrage gestellt [IWGG08; KMM08]. Für zukünftige Arbeiten wird daher empfohlen zu prüfen, ob weitere Methoden zur Bewertung der Güte des Klassifikators eingesetzt werden können.

Insbesondere die Tatsache, dass eine Vielzahl von Werkstoff- und Bauteilkombinationen sowie Belastungsszenarien in elektronischen Anwendungen aufzufinden sind, stellt eine große Herausforderung in der Bewertung von Zuverlässigkeitsanalysen dar. Der in dieser Arbeit gezeigte Ansatz, diese Analysen statistisch mit Methoden der Mustererkennung auszuwerten, ist erweiterbar für beliebige Kombinationen von Lotwerkstoffen, Bauteilgeometrien und Belastungen. Ein Schwerpunkt sollte in einem solchen Versuch jedoch zunächst auf die Definition der Klassen gelegt werden. Die Klasseneinteilung in dieser Arbeit war spezifisch orientiert an das Versuchsprogramm. Zum Aufbau einer erweiterbaren und allgemeingültigen Datenbank müssten sicherlich andere Klassen festgelegt werden, die werkstoffphysikalisch begründet sein oder wiederum auch durch den Einsatz von Mustererkennungsmethoden ermittelt werden könnten.

Neben der reinen Auswertung von Analysedaten in Form einer Klassifikation bieten SVMs und auch andere Mustererkennungsmethoden die Möglichkeit, Regressionsanalysen durchzuführen. Bei Vorliegen einer größeren Datenmenge und mehr Datenpunkten könnte eine Regression auch zur Ableitung empirischer Gesetzmäßigkeiten herangezogen werden, die werkstoffphysikalische Gesetze ergänzen könnten.

Eine weitere Einsatzmöglichkeit der statistischen Mustererkennung stellt die Lebensdauervorhersage dar. Ein Ansatz zur Lebensdauervorhersage unter Nutzung von ANNs wurde in [QLB11] vorgestellt. In Zuverlässigkeitsuntersuchungen an bleifrei gelöteten BGAs wurden Risslängen als Schadensparameter bestimmt. Da zu jedem Entnahmeintervall eine große Anzahl an Balls untersucht wurden, konnten verschiedene statistische Parameter, wie z.B. Mittelwert und Kurtosis, ermittelt werden, die als Eingangsgrößen des ANNs herangezogen wurden. Elektrische Messungen ermittelten die Lebensdauer der Komponenten, die die Ausgangsgröße der ANNs darstellten. Auf Basis der Trainingsdaten konnte ein ANN angelernt werden, mit dessen Hilfe die Restlebensdauer einer Komponente zu jedem beliebigen Entnahmezeitpunkt ermittelt werden konnte. Diese Vorgehensweise eröffnet die Möglichkeit, die Prüfzeiten von elektronischen Applikationen deutlich zu verringern, indem unter Beibehaltung des Belastungsprofils nur für kurze

Zeit getestet wird und die Lebensdauer mit Hilfe des statistischen Modells ermittelt wird, statt tatsächich End-of-Life zu testen. Ein derartiges Lebensdauermodell konnte mit den Ergebnissen dieser Arbeit nicht vorgestellt werden, da nicht genügend Kenntnisse über die Lebensdauer der Komponenten in Form von elektrischer Funktionalität vorhanden waren.

8 Zusammenfassung und Ausblick

Zuverlässigkeits- und Schadensanalysen an Lötverbindungen liefern trotz der umfangreichen Erkenntnisgewinne der vergangenen Jahre häufig keine eindeutigen Korrelationen zwischen dem Analyseergebnis an einer Lötverbindung und der zugehörigen Belastung. Ziel dieser Arbeit war es daher, eine Methodik zu entwickeln, die es ermöglicht, eine einzelne Lötverbindung derartig genau zu charakterisieren, dass man eine eindeutige Aussage über die Art und Dauer der Belastung machen kann, die diese Verbindung erfahren hat.

Die Methodik wurde ausgehend von einem klassischen Zuverlässigkeitstest demonstriert. Es wurde ein Testboard aufgebaut, auf das 1206 und 0603 Chipwiderstände mit SnAg3,0Cu0,5 gelötet wurden. Diese wurden durch verschiedene Temperaturlager- und Temperaturwechselprofile gealtert, um unterschiedliche Schadensbilder zu induzieren.

Zunächst wurde versucht, die Zielstellung durch die detaillierte Untersuchung der Kornstruktur der Lötverbindungen und einem besseren Verständnis der Schadensmechanismen zu erreichen. Im Ausgangszustand wiesen die untersuchten Verbindungen eine regellose Verteilung von Kleinwinkelkorngrenzen auf. Korngrenzen mit Missorientierungen $>5°$ waren nicht vorhanden. Unter Temperaturlagerung ordneten sich die Kleinwinkelkorngrenzen durch Polygonisation in Reihen an und bildeten Subkorngrenzen.

Temperaturwechselbelastungen führten zu deutlich komplexeren Schadensbildern, geprägt durch die Veränderung der Kornstruktur sowie Bildung und Wachstum von Rissen. Kontinuierliche dynamische Rekristallisation verursachte die Entstehung neuer Korngrenzen innerhalb der Verbindungen. Ausgangspunkt dieser Form der Rekristallisation stellen Versetzungen dar. Diese sind einerseits bereits im Ausgangszustand vorhanden. Andererseits werden durch die thermodynamischen Wechselbelastungen weitere Versetzungen in den Werkstoff eingebracht. Dynamische Erholung führt zur Bildung von Subkörnern. Durch weitere Akkumulation von Versetzungen in den Subkorngrenzen und Rotation der Subkörner nehmen die Missorientierungen zwischen den Subkörnern zu, bis diese groß genug sind, um als Korngrenzen bezeichnet zu werden. Mit zunehmender Belastungsdauer nehmen Anzahl der Korngrenzen als auch deren Missorientierungen kontinuierlich zu, während die Anzahl von kleinen Missorientierungen $(<10°)$ kontinuierlich abnimmt. Dieser Prozess verläuft umso schneller, je höher die Belastung ist – also im Temperaturschock schneller als im langsamen Temperaturwechsel und in einem Temperaturschock zwischen $-40\,°C$ und $150\,°C$ schneller als im Temperaturschock zwischen $-40\,°C$ und $125\,°C$. Trotz der neu gewonnenen Erkenntnisse über die in Lötverbindungen von Chipwiderständen ablaufenden Mechanismen während Temperaturwechselbelastungen war es nicht möglich, allein durch werkstoffphysikalische Beobachtungen eine eindeutige Gesetzmäßigkeit zur Korrelation der Analyseergebnisse zur Belastung abzuleiten. Daher wurden Methoden der statistischen Mustererkennung als Hilfsmittel herangezogen.

Basierend auf den unterschiedlichen Profilen der für diese Arbeit verwendeten Belastungen wurden zehn Klassen definiert: Temperaturlagerung $125\,°C$; Temperaturlagerung $175\,°C$; langsamer Temperaturwechsel zwischen $-40\,°C$ und $125\,°C$ mit 1000 Zyklen; Temperaturschock zwischen $-40\,°C$ und $125\,°C$ sowie Temperaturschock zwischen $-40\,°C$ und $150\,°C$ mit jeweils 500, 1000 und 2000 Zyklen. Die Ergebnisse der Schliffanalysen dienten der Generierung von Merkmalen, mit der jede Lötverbindung charakterisiert werden konnte. Dabei wurden die EBSD-Ergebnisse hinsichtlich Statistiken über Korngrößen, Aspektverhältnis der Körner, mittlerer Missorientierungen innerhalb der Körner und Missorientierungsverteilungsfunktionen der Lötverbindungen ausgewertet. Lichtmikroskopisch konnten als quantitative Merkmale die Dicke der intermetallischen Grenzschicht zwischen Lot und Substratmetallisierung sowie die relative Risslänge bestimmt werden.

Mit Hilfe von Support Vector Machines (SVMs) wurde dann ein Klassifikator angelernt, der als Eingangsgröße für jede Verbindung 85 Merkmale erhielt, und als Ausgabe die Art und Dauer der Belastung, die diese Lötverbindung erfahren hatte, angab.

Die Optimierung der SVMs erfolgte durch eine Rastersuche der Parameter γ und C, Kreuzvalidierung und Merkmalsselektion. Dabei ist C das Kostengewicht und γ der Parameter des verwendeten RBF-Kerns der SVM. Neben einer hohen Klassifikationsgenauigkeit auf vorhandenen Trainingsdaten sollte ein Klassifikator auch eine hohe Generalisierungsfähigkeit besitzen. Diese Fähigkeit, auch unbekannte, neue Datensätze richtig zu klassifizieren, kann durch die sog. Kreuzvalidierung getestet werden. Die eingesetzte *leave-one-out* Kreuzvalidierung liefert als Ergebnis eines Optimierungsdurchlaufes eine mittlere Klassifikationsgenauigkeit in %, die besagt, wieviel % eines gegebenen Datensatzes richtig klassifiziert wird, wenn die Klasse nicht bekannt ist (Vorhersagegenauigkeit). Zur Verbesserung der Ergebnisse in der Kreuzvalidierung war meist eine Merkmalsreduktion notwendig, die durch sequential forward selection zur Merkmalsselektion erreicht wurde.

Das Ergebnis der Optimierung ergab einen Klassifikator, der sowohl für die 0603 Widerstände als auch für die 1206 Widerstände die Klassifikation in drei Schritten durchführte. Zunächst wurden die gesammelten Datensätze unterteilt in Verbindungen mit und ohne Großwinkelkorngrenzen (konstante Temperatur oder Temperaturwechsel). Der zweite Klassifikationsschritt bestand in der Unterscheidung zwischen Proben aus dem langsamen Temperaturwechsel und den unterschiedlichen Temperaturschockbelastungen. Im dritten Schritt wurde in einer Multiklassifikation die Unterscheidung in die sechs Klassen des Temperaturschock vorgenommen, die sich durch drei Entnahmezeiten und zwei unterschiedliche Temperaturschockprofile ergaben. In der Kreuzvalidierung konnte für die ermittelten Modelle eine Genauigkeit von über 95% ermittelt werden, d. h. es wurde eine eindeutige Korrelation zwischen den Analyseergebnissen an den Lötverbindungen und den entsprechenden Belastungsprofilen (Art und Dauer) hergestellt.

Das so ermittelte Modell beinhaltet eine Verfahrensvorschrift, wie man eine Lötverbindung derartig charakterisieren kann, dass man eine eindeutige Aussage darüber treffen kann, wie und wie lange diese Verbindung belastet worden ist, ohne dies im Vorfeld zu wissen. Dies ist eine typische Fragestellung in der Schadensanalyse.

Gleichzeitig handelt es sich um ein statistisches Modell, dass vom Ansatz her auch für die Entwicklung von genaueren empirischen Lebensdauermodellen geeignet ist. Hierfür müssten weitere Datensätze aufgenommen werden, die das Modell z. B. bezüglich des zeitlichen Verlaufes der Schädigung genauer machen. SVMs würden dann auch die Möglichkeit bieten, nicht nur zu klassifizieren, sondern auch Regressionsanalysen durchzuführen. Es konnte bereits in ähnlichen Applikationen gezeigt werden, dass mit Hilfe solcher Lebensdauermodelle die Dauer von Zuverlässigkeitstests signifikant verkürzt werden kann.

Für die vielen verschiedenen Kombinationen aus Werkstoffen und Belastungsszenarien bieten Methoden der Mustererkennung ein großes Potential, weitere Korrelationen auf statistischer Basis zu erkennen. Die Definition der Klassen erfolgte in dieser Arbeit allein basierend auf den durchgeführten Belastungstests. Zum Aufbau einer erweiterbaren und allgemeingültigen Datenbasis sollte dies überdacht werden.

Zur Optimierung der SVMs und der Einschätzung ihrer Generalisierungsfähigkeit wurde eine gebräuchliche Methode eingesetzt, die Kreuzvalidierung. In einigen Publikationen wird argumentiert, dass diese Methode nicht genau genug ist, um die Generalisierungsfähigkeit eines Klassifikators bei Vorliegen nur weniger Trainingsdaten zu ermitteln. Zukünftige Arbeiten könnten sich daher mit dieser Fragestellung beschäftigen und ggf. neue Methoden entwickeln.

Auch ohne die Erweiterung der statistischen Klassifikation konnten neue Erkenntnisse über die Schadensmechanismen in Lötverbindungen von Chipwiderständen gewonnen werden. Etliche Fragestellungen wurden dabei nicht oder nur am Rande betrachtet, was Spielraum für weitere Arbeiten lässt. Nicht untersucht wurden z. B. der Einfluss der Hauptorientierung der Verbindung relativ zur Belastungsrichtung auf den Grad der Schädigung. Durch die starke Anisotropie von Zinn sind hier Korrelationen zu erwarten. Weiterhin werden bei dem identifizierten Schadensmechanismus aktivierte Gleitsysteme einen Einfluss auf den Schädigungsverlauf haben, die in dieser Arbeit nicht betrachtet wurden.

In allen temperaturwechselbelasteten Lötverbindungen konnte die kontinuierliche dynamische Rekristallisation als Schadensmechanismus identifiziert werden. In anderen Publikationen gab es auch Hinweise, dass SnAgCu-Lote unter bestimmten Bedingungen auch diskontinuierlich rekristallisieren. Um herauszufinden, unter welchen Bedingungen Lote eher kontinuierlich oder diskontinuierlich rekristallisieren, sind weitere Untersuchungen notwendig. Entscheidende Einflussfaktoren werden dabei Höhe und Geschwindigkeit der Belastungen, Probengröße und -geometrie, sowie Lotzusammensetzung und Verteilung von feinen intermetallischen Phasen im Lotgefüge sein.

Abbildungsverzeichnis

Tabellenverzeichnis

Literaturverzeichnis

[Adl10] ADLER, J.: *R in a Nutshell [deutsche Ausgabe]*. 1. Köln : O'Reilly Verlag, 2010. – 768 S. – ISBN 978–3–89721–649–5

[AJ12] ASHBY, M. F. ; JONES, D. R. H.: *Engineering Materials 1: An Introduction to properties, applications and design*. 3. Elsevier, Butterworth-Heinemann, 2012. – ISBN 978–0–7506–6380–9

[Alp04] ALPAYDIN, E.: *Introduction to Machine Learning*. MIT Press, 2004

[Apo10] *Kapitel* An Introduction to Data Mining. In: APOSTOLAKIS, J.: *Structure and Bonding*. Springer, 2010, S. 1–36

[Bay04] BAYER, A. K.: *Klassifikationsverfahren zur Materialerkennung*, Rheinisch - Westfälische Technische Hochschule Aachen, Diss., 2004

[Bis95] BISHOP, C. M.: *Neural Networks for Pattern Recognition*. Clarendon Press Oxford, 1995

[BJL+08] BIELER, T.R. ; JIANG, Hairong ; LEHMAN, L.P. ; KIRKPATRICK, T. ; COTTS, E.J. ; NANDAGOPAL, B.: Influence of Sn Grain Size and Orientation on the Thermomechanical Response and Reliability of Pb-free Solder Joints. In: *Components and Packaging Technologies, IEEE Transactions on* 31 (2008), Nr. 2, S. 370–381. http://dx.doi.org/10.1109/TCAPT.2008.916835. – DOI 10.1109/TCAPT.2008.916835. – ISSN 1521–3331

[BO09] BORCHARDT-OTT, W.: *Kristallographie – eine Einführung für Naturwissenschaftler*. Spinger-Verlag Berlin Heidelberg, 2009. – ISBN 978–3–540–78270–4

[Boc74] BOCK, H. H.: *Automatische Klassifikation*. Vandenhoeck & Ruprecht in Göttingen und Zürich, 1974

[BPW10] BACHER, J. ; PÖGE, A. ; WENZIG, K.: *Clusteranalyse: Anwendungsorientierte Einführung in Klassifikationsverfahren*. Oldenbourg Verlag, 2010

[Bür11] BÜRGEL, R.: *Handbuch Hochtemperatur-Werkstofftechnik*. Verlag Vieweg+Teubner, 2011. – ISBN 3–528–13107–1

[BS05] BARGEL, H.-J. ; SCHULZE, G.: *Werkstoffkunde*. 9. Springer-Verlag Berlin Heidelberg, 2005. – ISBN 3–540–26107–9

[BSMM00] BRONSTEIN, I.N. ; SEMENDJAJEW, K.A. ; MUSIOL, G. ; MÜHLIG, H.: *Taschenbuch der Mathematik*. 5. Verlag Harri Deutsch, 2000. – Seite 418

[Bur98] BURGES, C. J. C.: A Tutorial on Support Vector Machines for Pattern Recognition. In: *Data Mining and Knowledge Discovery* 2 (1998), Juni, Nr. 2, S. 121–167. – ISSN 1384–5810

[BZB+11] BIELER, T. R. ; ZHOU, B. ; BLAIR, L. ; ZAMIRI, A. ; DARBANDI, P. ; POUR-BOGHRAT, F. ; LEE, Tae-Kyu ; LIU, Kuo-Chuan: The role of elastic and plastic anisotropy of Sn on microstructure and damage evolution in lead-free solder joints. In: *Reliability Physics Symposium (IRPS), 2011 IEEE International*, 2011. – ISSN 1541–7026, S. 5F.1.1 –5F.1.9

[BZB+12] BIELER, T. R. ; ZHOU, B. ; BLAIR, L. ; ZAMIRI, A. ; DARBANDI, P. ; POUR-BOGHRAT, F. ; LEE, Tae-Kyu ; LIU, Kuo-Chuan: The Role of Elastic an Plastic Anisotropy of Sn in Recrystallization and Damage Evolution During Thermal Cycling in SAC305 Solder Joints. In: *Journal of Electronic Materials* 41 (2012), November, Nr. 2, S. 283–301

[Czo16] CZOCHRALSKI, J.: Metallographische Untersuchungen am Zinn und ihre fundamentale Bedeutung für die Theorie der Formänderung bildsamer Metalle. In: *Internationale Zeitschrift für Metallographie* 8 (1916), S. 1–43

[Die03] *Kapitel* Machine Learning. In: DIETTERICH, T.G.: *Encyclopedia of Cognitive Science*. London: Macmillan, 2003

[Dud10] DUDEK, R.: *FEM-Berechnungen CR1206*. 2010. – Fraunhofer Institut für elektronische Nanosysteme ENAS

[Dui95] DUIN, R. P. W.: Small sample size generalization. In: BORGEFORS, G. (Hrsg.): *9th Scandinavian Conference on Image Analysis*, 1995, S. 957–964

[EG10] *Beschluss der Kommission vom 23. Februar 2010 zur Änderung von Anhang II der Richtlinie 2000/53/EG des Europäischen Parlaments und des Rates über Altfahrzeuge*. 2010

[Eva07] EVANS, John W. ; ENGELMAIER, W. (Hrsg.): *A Guide to Lead-Free Solders*. Springer, 2007

[Fix07] FIX, A.: *Auswirkungen von mechanischen, thermischen und thermomechanischen Belastungen auf die Mikrostruktur bei SMD-Lötstellen*, Albert-Ludwigs-Universität Freiberg im Breisgau, Diss., 2007

[Ger03] GERSHENSON, C.: Artificial Neural Networks for Beginners. In: *CoRR* cs.NE/0308031 (2003)

[GM00] GOURDET, S. ; MONTHEILLET, F.: An experimental study of the recrystallization mechanism during hot deformation of aluminium. In: *Materials Science & Engineering, A: Structural Materials: Properties, Microstructure and Processing* A283 (2000), S. 274–288

[GM03] GOURDET, S. ; MONTHEILLET, F.: A model of continuous dynamic recrystallization. In: *Acta Materialia* 51 (2003), S. 2685–2699

[Goo06] GOODMAN, P.: Review of Directive 2002/95/EC (RoHS) Categories 8 and 9 - Final Report / Era Technology Ltd. Version: 2006. http://ec.europa.eu/environment/waste/pdf/era_study_final_report.pdf. 2006. – Forschungsbericht

[Got07] GOTTSTEIN, G.: *Physikalische Grundlagen der Materialkunde*. 3. Springer-Verlag Berlin Heidelberg, 2007. – ISBN 978–3–540–71104–9

[Gro10] GROSS, J.: *Grundlegende Statistik mit R*. Springer, 2010

[Han97] HAND, D. J.: *Construction and Assessment of Classification Rules*. John Wiley and Sons, 1997 (Probability and Statistics)

[Han09] HANDELS, H.: Auswahl und Transformation von Merkmalen. In: *Medizinische Bildverarbeitung*. Vieweg+Teubner, 2009. – ISBN 978–3–8351–0077–0, S. 255–282

[Has12] HASTIE, T.: *svmpath: the SVM path algorithm*, 2012. `http://cran.r-project.org/web/packages/svmpath/svmpath.pdf`

[HC96] HUMPHREYS, F. J. ; CHAN, H. M.: Discontinuous and continuous annealing phenomena in aluminium-nickel alloy. In: *Materials Science and Technology* 12 (1996), Nr. 2, S. 143–148. `http://dx.doi.org/doi:10.1179/026708396790165588`. – DOI doi:10.1179/026708396790165588

[HCL10] HSU, Chih-Wei ; CHANG, Chih-Chung ; LIN, Chih-Jen: *A Practical Guide to Support Vector Learning*. April 2010

[HCL12] HAN, Jing ; CHEN, Hongtao ; LI, Mingyu: Role of grain orientation in the failure of Sn-based solder joints under thermomechanical fatigue. In: *Acta Metallurgica Sinica* 25 (2012), June, Nr. 3, S. 214–224

[HH04] HUMPHREYS, F.J. ; HATHERLEY, M.: *Recrystallization and related annealing phenomena*. Elsevier Ltd, 2004

[HKL10] HKL TECHNOLOGY A/S (Hrsg.): *Manual to the CHANNEL 5 suite of programs*. HKL Technology A/S, 2010

[HL02] HSU, Chih-Wei ; LIN, Chih-Jen: A comparison of methods for multi-class support vector machines. In: *IEEE Transactions on neural networks* 13 (2002), S. 1045–1052

[Hor13] HORNIK, K.: *The R FAQ*. `http://CRAN.R-project.org/doc/FAQ/R-FAQ.html`. Version: 2013

[HSW89] HORNIK, K. ; STINCHCOMBE, M. ; WHITE, H.: Multilayer feedforward networks are universal approximators. In: *Neural Networks* 2 (1989), Nr. 5, 359 – 366. `http://www.sciencedirect.com/science/article/pii/0893608089900208`. – ISSN 0893–6080

[HW04] HENDERSON, D. W. ; WOOD, J. J.: The microstructure of Sn in near-eutectic Sn-Ag-Cu alloy solder joints and its role in thermomechanical fatigue. In: *Journal of Materials Research* 19 (2004), Jun, Nr. 6, S. 1608–1612

[HW06] HORNBOGEN, E. ; WARLIMONT, H.: *Metalle. Struktur und Eigenschaften der Metalle und Legierungen*. 4. Springer-Verlag Berlin Heidelberg, 2006. – ISBN 3–540–67355–5

[Hwa01] HWANG, J. S.: *Environment-Friendly Electronics: Lead-Free Technology*. Electrochemical Publications Lt., 2001

[Iso12]   *IS420 Lead-free Laminate and Prepreg.* www.isola.com. Version: 2012

[IWGG08] ISAKSSON, A. ; WALLMAN, M. ; GÖRANSSON, H. ; GUSTAFSSON, M.G.: Cross-Validation and bootstrapping are unreliable in small sample classification. In: *Pattern Recognition Letters* 29 (2008), S. 1960–1965

[JDM00]   JAIN, A. K. ; DUIN, R. P. W. ; MAO, Jianchang: Statistical pattern recognition: A review. In: *IEEE TRANSACTIONS ON PATTERN ANALYSIS AND MACHINE INTELLIGENCE* 22 (2000), Nr. 1, S. 4–37

[JMF99]   JAIN, A. K. ; MURTY, M. N. ; FLYNN, P. J.: Data Clustering: A Review. In: *ACM Computing Surveys* 31 (1999), Nr. 3, S. 264–323

[JMM96]   JAIN, A. K. ; MAO, Jianchang ; MOHIUDDIN, K.: Artificial Neural Networks. A Tutorial. In: *IEEE Computer* 29 (1996), S. 31–44

[Jud06]   JUD, P.P. P.: *Deformation and Degradation of Sn3.8Ag0.7Cu Lead-free Solder Alloy*, Swiss Federal Institute of Technology Zurich, Diss., 2006

[Kle98]   KLEBER, Will ; BAUTSCH, H.-J. (Hrsg.) ; BOHM, J. (Hrsg.): *Einführung in die Kristallographie.* 18. Verlag Technik GmbH Berlin, 1998. – ISBN 3–341–01205–2

[KLS+05] KANG, S.K. ; LAURO, P.A. ; SHIH, D.-Y. ; HENDERSON, D.W. ; PUTTLITZ, K.J.: Microstructure and mechanical properties of lead-free solders and solder joints used in microelectronic applications. In: *IBM Journal of Research and Development* 49 (2005), S. 607–620

[KMH06]   KARATZOGLOU, A. ; MEYER, D. ; HORNIK, K.: Support Vector Machines in R. In: *Journal of Sstatistical software* 15 (2006), April, Nr. 9, S. 1–28

[KMM08]   KLEMENT, S. ; MAMLOUK, A. M. ; MARTINETZ, T.: Reliability of Cross-Validation for SVMs in High-Demensional, Low Sample Size Scenarios. In: *ICANN*, Springer-Verlag, 2008, S. 41–50

[KMMM03] KANANCHOMAI, C. ; MIYASHITA, Y. ; MUTOH, Y. ; MANNAN, S.L.: Influence of frequency on low cycle fatigue behaviour of Pb-free solder 96.5Sn-3.5Ag. In: *Materials Science & Engineering, A: Structural Materials: Properties, Microstructure and Processing* A345 (2003), S. 90–98

[KNW+05] KEMPE, Wolfgang ; NEHER, Wolfgang ; WERNER, Wolfgang ; STEFFEN, Horst ; DIEHM, Rolf. L. ; SCHEEL, W. (Hrsg.) ; WITTKE, K. (Hrsg.) ; NOWOTTNICK, M. (Hrsg.): *Innovative Produktionsprozesse für die Hochtemperaturelektronik am Beispiel der Kfz-Elektroniksysteme.* Verlag Dr. Markus A. Detert, 2005. ISSN 1614–6131

[Kri07]   KRIESEL, D.: *Ein kleiner Überblick über Neuronale Netze.* online, 2007. – erhältlich auf http://www.dkriesel.com

[KRS11]   KROSCHEL, K. ; RIGOLL, G. ; SCHULLER, B.: *Statistische Informationstechnik.* Springer Heidelberg Dordrecht London New York, 2011

[KSH12]   KARATZOGLOU, A. ; SMOLA, A. ; HORNIK, K.: *Kernel-based Machine Learning Lab*, February 2012. http://cran.r-project.org/web/packages/kernlab/kernlab.pdf

[LAF+04] LEHMAN, L.P. ; ATHAVALE, S.N. ; FULLEM, T.Z. ; GIAMIS, A.C. ; KINYANJUI, R.K. ; LOWENSTEIN, M. ; MATHER, K. ; PATEL, R. ; RAE, D. ; WANG, J. ; XING, Y. ; ZAVALIJ, L. ; BORGESEN, P. ; COTTS, E.J.: Growth of Sn and intermetallic compounds in Sn-Ag-Cu solder. In: *Journal of Electronic Materials* 33 (2004), S. 1429–1439. – ISSN 0361–5235

[LEJ+04] LALONDE, A. ; EMELANDER, D. ; JEANNETTE, J. ; LARSON, C. ; RIETZ, W. ; SWENSON, D. ; HENDERSON, D.W.: Quantitative Metallography of beta-Sn Dendrites in Sn-3.8Ag-0.7Cu Ball Grid Array Solder Balls via Electron Backscatter Diffraction and Polarized Light Microscopy. In: *Journal of Electronic Materials* 33 (2004), Nr. 12, S. 1545–1549

[Lig08] LIGGES, U.: *Programmieren mit R.* Springer, 2008

[LTSB02] LEE, J. G. ; TELANG, A. ; SUBRAMANIAN, K. N. ; BIELER, T. R.: Modeling thermomechanical fatigue behavior of SnAg solder joints. In: *Journal of Electronic Materials* 31 (2002), S. 1152–1159. http://dx.doi.org/10.1007/s11664-002-0004-z. – DOI 10.1007/s11664-002-0004-z

[LXBC10] LEHMAN, L.P. ; XING, Y. ; BIELER, T.R. ; COTTS, E.J.: Cyclic twin nucleation in tin-based solder alloys. In: *Acta Materialia* 58 (2010), S. 3546–3556

[Mat05a] MATIN, M.A.: *Microstructure Evolution and thermomechanical fatigue of solder materials*, Technische Universität Eindhoven, Diss., 2005

[Mat05b] MATTILA, T.: *Reliability of high-density lead-free solder interconnections under thermal cycling and mechanical shock loading*, Helsinki University of Technology, Diss., 2005

[MDH+12] MEYER, D. ; DIMITRIADOU, E. ; HORNIK, K. ; WEINGESSEL, A. ; LEISCH, F.: *e1071: Misc Functions of the Department of Statistics, TU Wien.* http://cran.r-project.org/web/packages/e1071/e1071.pdf. Version: 2012

[MGC09] MADZAROV, G. ; GJORGJEVIKJ, D. ; CHORBEV, I.: A Multi-class SVM Classifier Utilizing Binary Decision Tree. In: *Informatica* 33 (2009), S. 233–241

[MMPKW10] MATTILA, T.T. ; MUELLER, M. ; PAULASTO-KRÖCKEL, M. ; WOLTER, K.-J.: Failure mechanism of solder interconnections under thermal cycling conditions. In: *Electronic System-Integration Technology Conference (ESTC), 2010 3rd*, 2010, S. 1 –8

[Mon05] MONIEN, K.: *Support Vektor Maschinen als Analyseinstrument im Marketing*, Universität Bielefeld, Diss., 2005

[MT00] MERKEL, M. ; THOMAS, K.-H.: *Taschenbuch der Werkstoffe.* Fachbuchverlag Leipzig, 2000. – ISBN 3–446–21410–0

[Nie03] NIEMANN, H.: *Klassifikation von Mustern.* 2. Springer, 2003

[NIS03] NIST National Institute of Technology: *Phase Diagrams & Computational Thermodynamics – Solder Systems.* http://www.metallurgy.nist.gov/phase/solder/solder.html. Version: 2003

[Pet05] PETERSOHN, H.: *Data Mining: Verfahren, Prozesse, Anwendungsarchitektur.* Oldenbourg Verlag, 2005

[QLB11] QASAIMEH, A. ; LU, S. ; BORGESEN, P.: Crack evolution and rapid life assessment for lead free solder joints. In: *Electronic Components and Technology Conference (ECTC), 2011 IEEE 61st*, 2011. – ISSN 0569–5503, S. 1283–1290

[Ran03] RANDLE, V.: *Microtexture Determination and its Applications.* MANEY for the Institute of Materials, Minerals and Mining, 2003. – ISBN 1–902653–82–3

[RE00] RANDLE, V. ; ENGLER, O.: *Introduction to Texture Analysis – Macrotexture, Microtexture and Orientation Mapping.* Gordon and Breach Science Publishers, 2000. – ISBN 9056992244

[RHB12] RÖSLER, J. ; HARDERS, H. ; BÄKER, M.: *Mechanisches Verhalten der Werkstoffe.* Springer Fachmedien Wiesbaden, 2012

[RJS05] RIOS, P. R. ; JR., F. S. ; SANDIM, H. R. Z.: Nucleation and Growth during recrystallization. In: *Materials Research* 8 (2005), Nr. 3, S. 225–238

[Röl09] RÖLLIG, M.: *Beiträge zur Bestimmung von mechanischen Kennwerten an produktkonformen Lotkontakten der Elektronik*, Technische Universität Dresden, Diss., 2009

[RM08] ROKACH, L. ; MAIMON, O.: *Series in Machine Perception and Artificial Intelligence.* Bd. 69: *Data Mining with Decision Trees.* World Scientific Publishing Co. Pte. Ltd., 2008

[RM11] ROOS, E. ; MAILE, K.: *Werkstoffkunde für Ingenieure: Grundlagen, Anwendung, Prüfung.* Springer Heidelberg Dordrecht London New York, 2011

[RRL+12] ROEVER, C. ; RAABE, N. ; LÜBKE, K. ; LIGGES, U. ; SZEPANNEK, G. ; ZENTGRAF, M.: *Classification and Visualization*, 2012. http://cran.r-project.org/web/packages/klaR/klaR.pdf

[SB08] SYLVESTRE, J. ; BLANDER, A.: Large Scale Correlations in the Orientation of Grains in Lead-Free Solder Joints. In: *Journal of Electronic Materials* 37 (2008), July, Nr. 10, S. 1618–1623

[Sch04] SCHMIDT, B.: *Grundlagen Mikrosystemtechnik.* Vorlesungsskript, 2004

[Sch07] SCHAFFÖNER, M.: *Nonparametric Density Estimation with Applications to Speech Recognition*, Technische Universität Magdeburg, Diss., 2007

[SF10] SCHULTZ, L. ; FREUDENBERGER, J.: *Physikalische Werkstoffeigenschaften.* Skriptum, 2010

[SKSL09] SEO, Sun-Kyoung ; KANG, Sung K. ; SHIH, Da-Yuan ; LEE, Hyuck M.: An Investigation of Microstructure and Microhardness of Sn-Cu and Sn-Ag Solders as Functions of Alloy Composition and Cooling Rate. In: *Journal of Electronic Materials* 38 (2009), S. 257–265

[SMS99] SCHÖLKOPF, B. ; MÜLLER, K.-R. ; SMOLA, A. J.: Lernen mit Kernen - Support-Vektor-Methoden zur Analyse hochdimensionaler Daten. In: *Informatik Forschung und Entwicklung* 14 (1999), S. 154–163

[SNL08] SUNDELIN, J. J. ; NURMI, S. T. ; LEPISTÖ, T. K.: Recrystallization behaviour of SnAgCu solder joints. In: *Materials Science and Engineering A* 474 (2008), S. 201–207

[SPD10] STELLER, A. ; PAPE, U. ; DUDEK, R.: Solder joint reliability in automotive applications: describing damage mechanisms through the use of EBSD. In: *Electronic System-Integration Technology Conference (ESTC), 2010 3rd*, 2010, S. 1–4

[SS98] SMOLA, A. J. ; SCHÖLKOPF, B.: A Tutorial on Support Vector Regression / Royal Holloway College, University of London. 1998. – Forschungsbericht. – NeuroCOLT Technical Report NC-TR-98-030

[Ste00] STEINBERG, D.S.: *Vibration Analysis for Electronic Equipment*. John Wiley & Sons, 2000 (Wiley-Interscience publication)

[Swe07] SWENSON, D.: The effects of suppressed beta tin nucleation on the microstructural evolution of lead-free solder joints. In: *Journal of Materials Science: Materials in Electronics* 18 (2007), Nr. 1-3, 39-54. http://dx.doi.org/10.1007/s10854-006-9012-8. – DOI 10.1007/s10854–006–9012–8. – ISSN 0957–4522

[SZE+09] STELLER, A. ; ZIMMERMANN, A. ; EISENBERG, S. ; WOLTER, K.-J. ; LANGE, P.: Reliability Testing and Damage Analysis of Lead-Free Solder Joints: New Assessment Criteria for Laboratory Methods. In: *SAE International Journal of Materials and Manufacturing* 2 (2009), Nr. 1, S. 502–510

[TBC06] TELANG, A.U. ; BIELER, T.R. ; CRIMP, M.A.: Grain boundary sliding on near 7°, 14°, and 22° special boundaries during thermomechanical cycling in surface-mount lead-free solder joint specimens. In: *Journal of Materials Science and Engineering* 421 (2006), S. 22–34

[TBCS02] TELANG, A.U. ; BIELER, T.R. ; CHOI, S. ; SUBRAMANIAN, K.N.: Orientation imaging studies of Sn-based electronic solder joints. In: *Journal of Materials Research* 17 (2002), Sep, Nr. 9, S. 2294–2306

[TBZP07] TELANG, A.U. ; BIELER, T.R. ; ZAMIRI, A. ; POURBOGHRAT, F.: Incremental recrystallization/grain growth driven by elastic strain energy release in a thermomechanically fatigued lead-free solder joint. In: *Acta Materialia* 55 (2007), S. 2265–2277

[Tea08] TEAM, R Development C. ; R FOUNDATION FOR STATISTICAL COMPUTING (Hrsg.): *R: A Language and Environment for Statistical Computing*. Vienna, Austria: R Foundation for Statistical Computing, 2008. http://www.R-project.org. – ISBN 3-900051-07-0

[Tel03] TELANG, A.U.: Comparisons of experimental and computed crystal rotations caused by slip in crept and thermomechanically fatigued dual-shear eutectic Sn-Ag solder joints. In: *Journal of Electronic Materials* 32 (2003), S. 1455–1462

[Tel05] TELANG, A.U.: The orientation imaging microscopy of lead-free Sn-Ag solder joints. In: *JOM Journal of the Minerals, Metals and Materials Society* 57 (2005), S. 44–49

[TG06] TÜRKER, N. ; GÜNES, F.: A Competitive Approach to Neural Device Modeling: Support Vector Machines. In: KOLLIAS, S. (Hrsg.) ; STAFYLOPATIS, A. (Hrsg.) ; DUCH, W. (Hrsg.) ; OJA, E. (Hrsg.): *Artificial Neural Networks - ICANN 2006* Bd. 4132. Springer Berlin Heidelberg, 2006. – ISBN 978–3–540–38871–5, S. 974–981

[TTNT04] TERASHIMA, S. ; TAKAHAMA, K. ; NOZAKI, M. ; TANAKA, M.: Recrystallization of Sn Grains due to thermal Strain in Sn-1.2Ag-0.5Cu-0.05Ni Solder. In: *Materials Transactions* 45 (2004), S. 1383–1390

[V13] Prof. Dr.-Ing. Jürgen Villain, Hochschule Augsburg, persönliches Gespräch am 25.04.2013

[VPDA09] VILLAIN, J. ; PAPE, U. ; DUDEK, R. ; ALBRECHT, H.-J. ; SCHEEL, W. (Hrsg.) ; WITTKE, K. (Hrsg.) ; NOWOTTNICK, M. (Hrsg.): *Materialmodifikation für geometrisch und stofflich limitierte Verbindungsstrukturen hochintegrierter Elektronikbaugruppen „LiVe".* Verlag Dr. Markus A. Detert, 2009. ISSN 1614–6131

[VQ07] In: VILLAIN, J. ; QASIM, T.: *Ermittlung des Kriechverhaltens von Loten bei hoher homologer Temperatur mittels Laserextensometrie.* Wiley-VCH Verlag GmbH & Co. KGaA, 2007. – ISBN 9783527610310, 300–305

[VV89] VOLLERTSEN, F. ; VOGLER, S.: *Werkstoffeigenschaften und Mikrostruktur.* Carl Hanser Verlag, 1989

[VWC⁺10] VILLAIN, J. ; WEIPPERT, Chr. ; CORRADI, U. ; ALBRECHT, H.-J. ; RATCHEV, R.: Schadensmodell für SAC-Lötlegierungen auf der Basis von EBSD-Untersuchungen thermomechanisch belasteter Lötverbindungen. In: *Elektronische Baugruppen und Leiterplatten EBL 2010, Zuverlässigkeit und Systemintegration,* 2010

[Wal07] WALTER, H.: *Properties PCB IS 420.* 2007. – unveröffentlichte Präsentation des Fraunhofer Institutes für Zuverlässigkeit und Mikrointegration

[Web02] WEBB, A. R.: *Statistical Pattern Recognition.* John Wiley & Sons Ltd., 2002

[Wie08] WIESE, S.: *Verformungs- und Schädigungsverhalten metallischer Werkstoffe in Mikrodimensionen,* Fakultät Elektrotechnik und Informationstechnik, Technische Universität Dresden, Habilitation, Nov 2008

[Wol12] WOLLSCHLÄGER, D.: *Grundlagen der Datenanalyse mit R.* Springer, 2012

[ZBLL10] ZHOU, B. ; BIELER, T.R. ; LEE, Tae-Kyu ; LIU, Kuo-Chuan: Crack Development in a Low-Stress PBGA Package due to continuous recrystallization leading to formation of orientations with [001] parallel to the interface. In: *Journal of Electronic Materials* 39 (2010), S. 2669–2679